KB063974

알고 먹으면
더 맛있는
요리 생물학

OSARA NO UENO SEIBUTSUGAKU by Akihiko Ogura

Copyright ⓒAkihiko Ogura 2015

All rights reserved.

Original Japanese edition published by TSUKIJI SHOKAN PUBLISHING CO., LTD.

Korean translation copyright ⓒ2017 by Paper Stairs

This Korean edition published by arrangement with TSUKIJI SHOKAN PUBLISHING
CO., LTD., Tokyo, through HonnoKizuna, Inc., Tokyo, and YuRiJang Agency.

이 책의 한국어판 저작권은 유리장 에이전시를 통한 저작권자와의
독점계약으로 **계단**에 있습니다.

저작권법에 의해 한국 내에서 보호를 받는 저작물이므로
무단 전재와 무단 복제를 금합니다.

일러두기

- 이 책은 『お皿の上の生物学』(築地書館, 2015)를 번역하였다.
- 책과 신문, 잡지는 《 》, 글과 영화는 〈 〉로 구분했다.
- ℃는 '섭씨 도' 혹은 '도'로 나타냈다. 화씨온도는 사용하지 않고, 섭씨온도만 사용했다.
- 용어의 영어 혹은 한자 표기는 '찾아보기'에서 확인할 수 있다.
- 저자의 주와 옮긴이 주는 해당 면 아래에 서로 구분하여 표시했다. 원주는 ●로, 옮긴이
  주는 ●로 나타냈다.

음식의 맛과 색, 냄새에서
온도와 식기, 계절 음식과 명절 요리까지
우리가 맛있다고 느끼는 뜻밖의 과학적 이유들

알고 먹으면 더 맛있는 요리 생물학

오구라 아키히코 지음 | 송수진 옮김

이 책의 제목《요리 생물학》에는 두 가지 의미가 담겨 있습니다. 첫 번째는 접시 위에 놓인 요리에 대한 생물학입니다. 두 번째는 생물학 자체를 요리해 접시 위에 올려놓으려는 시도입니다.

좀 더 자세히 설명하겠습니다. 제가 근무하는 오사카대학에는 '기초세미나'라는 신입생을 대상으로 한 수업이 있습니다. 언젠가부터 입시를 치르고 대학 입학이라는 목표를 달성한 뒤 새로운 목표를 세우지 못하고 있는 학생들이 부쩍 많아졌습니다. 그들에게 배움의 즐거움을 전하고, 고등학생 때까지 수동적인 교육을 받아온 학생들을 능동적으로 바꾸는 것을 목적으로 한, 일종의 '동기부여 수업'입니다. 주제는 각 교수의 전공분야든 아니면 교양이든 상관없는데, 내용보다는 배움의 즐거움을 이끄는 게 우선입니다. 그래서 저는 '요리 생물학 입문'이라는 세미나를 열었습니다. 그 내용이 바로 이 책,《요리 생물학》입니다.

첫 번째로 접시 위에 놓인 요리에 대한 생물학을 가르칩니다. 실험, 즉 요리를 하면서 지금 냄비 안에서, 프라이팬 위에서 일어나는 일을 설명합니다. 생물학이라기보다 교양에 가깝지만 꽤 호평을 받았습니다. 하루에 3번이나 만나기 때문에 요리만큼 친근한 활동도 없는 데다, 요리만큼 우리에게 익숙한 과학 체험도 없을 겁니다. 며칠 전까지 교과서 안의 세계, 시험 공부의 대상이었던 과학이 주변에 널려있다는 것을 새삼 실감할 수 있기 때문이었을 겁니다.

두 번째로 생물학을 요리합니다. 이 세미나와는 별개로 전공 수업에서 생물학 강의를 하고 있습니다. 그 수업에서는 생체분자의 구조부터 시작해 그것들의 상호작용과 각종 화학반응을 설명하고, 세포의 기능에서 출발해 조직과 기관의 역할은 물론 개체의 행위까지 다루는 체계적인 내용을 가르칩니다. 하지만 강의를 하면서 수박 겉핥기식 수업에 학생들이 다시 교과서 안으로 들어가 버리는 답답함을 매년 느꼈습니다. 그래서 이런 학문 체계를 버리면 어떨지, 우선 가까이 있는 것부터 설명하기 시작해 반대로 분자 쪽으로 넓혀가는 방법은 어떨지 생각했습니다. 이런 실험 수업은 전공 강의에서는 불가능합니다. 만약 실패한다면 수강생에게는 재난이기 때문입니다. 하지만 세미나라면 가능합니다.

이 책은 그 시도에 대한 기록입니다. 1강부터 4강까지는 실제 수업한 강의록입니다. 하지만 5강부터 7강까지는 아직 강의하지 않은 강의 계획에 살을 붙여 썼습니다. 이 세미나는 앞에 적은 것처럼 대학 신입생의 예방약이기 때문에 1학기에 하는 강의입니다. 5년 동안 1학기에만 강의했지만, 2학기에 이어서 강의하게 된다면 이런 주제로 하면 좋겠다 싶은 내용을 5강부터 7강까지 2학기의 계절에 맞춰 준비했습니다.

이 책에는 이렇게 실제 강의록, 강의 계획, 실습 기록이 섞여 있기 때문에 문체를 어떻게 통일하면 좋을지 고민했습니다. 5강부터 7강까지는 자연스럽게 대화체로 쓰려고 했지만 그다지 자연스럽지 않아 결국 평서문으로 고쳤습니다.

수업에서는 실제 식품과 상품, 광고를 제시하고, 조리, 시연, 신문 기사, 인터넷 기사를 동원하여 멀티미디어 수업을 했습니다. 사진을 싣거나 인터넷사이트를 인용하려면 기업의 허락을 받아야 합니다. 그런데 대부분의 기업이 허가를 내주지 않았습니다. 그래서 유감스럽게도 책에는 많은 자료를 싣지 못 했습니다. 허락해준 기업에는 대단히 감사하다는 말을 남깁니다. 독자 여러분께서는 이런 점을 감안하고 재미있게 읽어주시기를 부탁드립니다.

차례

1강

맛 이야기

TASTE

아마 빛의 3원색은 들어봤을 겁니다. 3개의 색을 섞어 모든 색을 나타낼 수 있다는 세 가지 색 말입니다. 빨강, 초록, 파랑, 이 세 가지 색입니다. 그렇게 이야기할 수 있는 근거 중 하나가 텔레비전이나 컴퓨터 화면이 이 세 가지 색의 점들로 구성되어 있고, 그것으로 모든 장면을 재현한다는 사실입니다. 예를 들어, 어느 지점을 빨강 100: 초록 100: 파랑 0의 비율로 비추면 사람의 눈에는 노랑으로 보입니다. 연노랑으로 보여주고 싶을 때는 빨강과 초록의 비율은 같게 유지하면서, 빨강 50: 초록 50: 파랑 0으로 빛의 양을 조정하면 됩니다. 빨

그림 1-1 아이패드의 액정화면을 확대한 모습이다. 조금 더 확대(사진 왼쪽)하면 세 가지 색의 발광소자가 보인다.

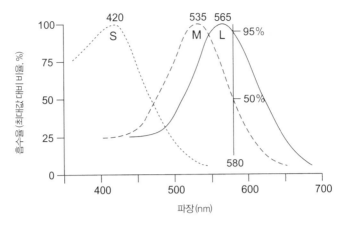

그림 1-2 사람의 망막에는 3종류의 색 센서(원뿔세포)가 있다. 가시광선 영역에서 상대적으로 짧은 파장의 빛을 감지하는 센서인 S 원뿔세포는 420nm의 짙은 파란색 빛에 잘 반응하고, 가시광선의 중간 영역 파장의 빛을 감지하는 센서인 M 원뿔세포는 535nm의 청록색 빛에 잘 반응한다. 각각 파란색 원추세포, 초록색 원추세포라 부르기도 한다. 가시광선에서 상대적으로 긴 파장의 빛을 감지하는 L 원추세포는 565nm의 황록색 빛에 잘 반응하지만, 빨간색의 색각(color sense)을 만드는 주역이기 때문에 빨간색 원뿔세포라 부르기도 한다. 580nm의 노란색 빛은 L 원뿔세포와 M 원뿔세포를 95:50의 비율로 활성화한다. 다시 말해, 두 원뿔세포가 이 비율로 활동하면 뇌에서 노란색의 색각이 생기는 것이다.

강 100: 초록 100: 파랑 100으로 비추면 하얀색이 나오고, 빨강 0: 초록 0: 파랑 0이면 검은색입니다.

 잠깐 어려운 이야기를 좀 하자면, 햇빛은 이 세 가지 색으로 구성돼 있지 않습니다. 햇빛에는 가시광선의 파장 범위(대략 400~700나노미터)에 해당하는 모든 파장의 빛이 분포해 있습니다. 사람이 노랑이라고 느끼는 파장 580나노미터(나노미터(nm)는 10^{-9}미터)의 빛도 존재합니다. 하지만 사람의 눈에는 그 파장의 빛만 전적으로 받아들이는 수광세포가 없습니다. 가시광선에서 상대적으로 긴 파장의 빛인 빨간색에 감도가 좋은 L 원뿔세포, 초록색에 가까운 중간 영역의 파장에 감도가 좋은 M 원뿔세포, 상대적으로 짧은 파장인 파란색에 감도가 좋은 S 원뿔세포, 이 3종류의 수광세포 가 있을 뿐입니다. 그럼 사람의 눈은 노란색을 어떻게 보는 걸까요? 그것은 580나노미터의 빛이 L 원뿔세포와 M 원뿔세포를 2:1의 비율로 활성화하고 그것을 뇌가 노란색으로 해석하는 겁니다(그림 1-2). 즉, 색의 식별은 눈이 아닌 뇌의 역할인 거죠.

이렇게 눈이 아니라 뇌에서 색을 구분하기 때문에, 다른 동물도 사람처럼 3원색으로 세상을 본다고 말할 수가 없습니다. 실제로 비둘기를 비롯하여 일부 조류는 4종 이상의 파장식별세포(원뿔세포)를 가지고 있어서, 사람에게는 보이지 않는 자외선 을 감지하는 것으로 알려져 있습니다. 그러면 아마도 4원색 이상일 겁니다. 이렇게 색을 인식하는 것이 다르니 비둘기가 세상을 어떻게 보는지는 비둘기가 되어보지 않고는 알 수가 없습니다. 뱀은 적외선을 감지하지만 , 그것이 어떤 색으로 보이는지 우리는 알 수 없습니다. 색이 아니라 단순히 광점으로 보일지도 모릅니다. 영장류를 제외한 다른 포유류는 2원색으로 봅니다. 빨간색 식별세포와 파란색 식별세포만 갖고 있습

빛을 받아들이는 부분이 원뿔 모양이기 때문에 원뿔세포라고 한다. 원뿔세포와 달리 빛의 양만을 예민하게 검출하는 시각세포의 막대세포가 있다. 어두운 환경에서는 막대세포만 작동한다. 사람 망막의 시세포(광센서)는 원뿔세포 3종과 막대세포 1종, 총 4종이 있다.

사람들이 보라색이라고 부르는 빛보다 파장이 짧은 빛(파장 400nm 이하)을 말한다. 빨간색이라고 부르는 빛보다 파장이 긴 빛(파장 700nm 이상)은 적외선이라고 한다.

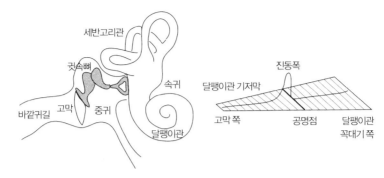

그림 1-3 달팽이관의 구조. 공기 진동이 왼쪽에 있는 바깥귀길(외이도)을 통해 귓속으로 들어가면 고막과 귓속뼈를 통해 림프액을 진동시켜 기저막이 떨리게 된다. 기저막은 안쪽(달팽이관의 꼭대기 쪽)으로 갈수록 넓고 두툼하고 유연하다. 진동수가 큰 림프액의 진동은 달팽이관의 바깥쪽(고막 쪽)에서, 낮은 진동수의 진동은 안쪽(달팽이관의 꼭대기) 부위에서 공명한다. 진동은 해당 위치에서 에너지를 다 소모하고 더 깊숙이까지는 닿지 않는다. 해당 공명점에 있는 청각세포(털세포)가 가장 크게 변형하며 반응한다.

니다. 개와 소는 사람과 비슷한 색감을 갖고 있습니다. 당연히 그들이라고 색감이 없을 리가 없겠죠.

소리는 어떨까요? 소리에도 기본음이란 게 있을까요? 대답은, '없다'가 맞습니다. '도'와 '미'를 동시에 친다고 '레'로 들리지는 않지요. 어디까지나 '도'와 '미'로 들립니다. 이건 생물학적으로 무슨 의미일까요?

소리, 즉 공기의 진동은 귀로 들어가 고막을 울려 속귀(내이)에 있는 달팽이관의 림프액을 진동시킵니다. 달팽이관에는 막이 있는데, 이 막이 바깥쪽, 즉 고막이 있는 쪽은 좁고 귀 안쪽으로 들어갈수록 넓어집니다. 달팽이관 림프액의 진동은 이 막의 특정 부위와 공명합니다.[3] 높은 소리(진동수가 큰 소리)는 달팽이관의 바깥쪽 막과 공명

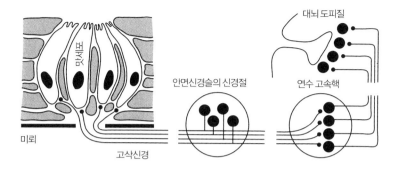

대뇌 도피질

안면신경슬의 신경절

연수 고속핵

맛세포

미뢰

고삭신경

그림 1-4 미뢰의 구조. 미뢰는 혀 표면에서 까칠까칠하게 느껴지는 것을 말하는 게 아니다. 그것은 혀유두라고 한다. 혀유두의 곳곳에 여러 개의 미뢰가 모여 있다. 하나의 미뢰가 한 가지 맛을 느끼는 것이 아니고 하나의 미뢰 안에 여러 종류의 맛세포가 들어 있어 여러 종류의 맛을 감지할 수 있다.

하여 진동하고, 낮은 소리(진동수가 작은 소리)는 안쪽에 있는 막과 공명해 진동합니다. 그러면 그 부분에 있는 센서(털세포)가 활동을 시작해, '나는 440헤르츠(Hz) 담당세포인데, 지금 그 진동이 오고 있습니다'하고 뇌에 보고합니다. 그러면 뇌가 '지금 440헤르츠 담당세포로부터 보고가 있으니 A_4음●이다'하고 해석하는 식입니다(그림 1-3).

털세포는 위치만 다를 뿐 모두 같습니다. 440헤르츠 담당인지 880헤르츠●● 담당 세포인지는 단지 위치만 다를 뿐입니다. 440헤르츠 담당 세포의 옆 세포는 441헤르츠 담당 혹은 445헤르츠 담당으로 연

● 기본음을 A(라)음이라고 하는데, 이 음의 초당 진동수가 440Hz다. 라디오에서 정시를 알릴 때 울리는 '삐삐삐' 소리의 진동수가 440Hz다.

●● 진동수 880Hz A_5음은 라디오에서 정시를 알릴 때 울리는 소리 중 마지막에 나오는 약간 다른 '삐' 소리.

●●● 후세포에는 각각 담당 물질이 배분되어 있다. 그 점에서 기본 냄새가 있다고 할 수 있다.

속적입니다. 따라서 기본음이란 원칙적으로 존재하지 않습니다. °°°

자, 그럼 우리의 관심사인 맛은 어떨까요? 기본 맛이란 존재할까요? 대답은, '있다'입니다. 흔히 '4가지 기본 맛'이라고 합니다. 단맛, 신맛, 짠맛, 쓴맛이 4가지 맛입니다. ° 맛은 혀와 구강의 미뢰(맛봉오리)에 있는 맛세포로 느낍니다. '4가지 기본 맛' 이론은 빛의 3원색에 빗대어 말하자면, 맛세포는 4종류만 있을 뿐, 5종류나 6종류는 존재하지 않는다는 뜻이라고 할 수 있습니다(그림 1-4).

하지만 이에 과감하게 이의를 제기한 학자가 있었습니다. 이케다 기쿠나에라는 사람인데, 그는 4가지 기본 맛 외에 또 하나의 맛인 '감칠맛'이 존재한다며, 기본 맛은 5가지라는 주장을 했습니다.

제5의 맛, 감칠맛

이케다 기쿠나에池田菊苗는 1864년 10월, 일본 교토에서 사쓰마 출신 무사의 아들로 태어났습니다. 당시는 근왕지사와 신센구미新選組°°가

° 단맛은 혀끝에서, 신맛은 혀의 가장자리 부분에서 느낀다는 '혀의 맛 지도'를 본 적이 있을 것이다. 예전에는 교과서에도 나왔다. 하지만 이제는 틀린 내용이다. 혀 어느 곳에서나 모든 맛을 다 느낀다. 교과서에 실렸다고 무작정 믿으면 안 된다는 것을 보여주는 좋은 사례다.

°° 에도시대(1603~1867) 말기 교토에서 활동하던 사적인 군사조직으로, 바쿠후 세력을 몰아내려는 근왕지사와 싸웠다.

°°° 신센구미가 근왕지사들을 살해한 이케다야池田屋 사건이 같은 해인 1864년 7월에, 소슈한()의 무사들이 교토에 불을 지른 사건이 같은 해 8월에 일어났다.

한창 난투극을 벌이던 때였습니다.
물론 태어난 지 얼마 안 된 이케다가
그것을 알 리는 없었습니다. 메이지유
신 이후에는 교토와 오사카 등지에서
살았습니다. 사쓰마라는 식도락의 마
을에서, 게다가 메이지유신에서 승리
한 조직의 아들로 자랐지요. 이것이 중
요합니다. 어릴 적부터 감칠맛에 길들
여진 겁니다. 만약 매 끼니를 걱정해야
하는 지방 무사의 아들로 태어났다면

일본 국립과학박물관 제공

그림 1-5 감칠맛을 발견한 이케다 기
쿠나에

'5가지 기본 맛 이론'을 주장하는 것은 불가능했겠지요.

이케다는 1889년 제국대학帝國大學●●● 화학과를 졸업한 뒤, 1899년
에 독일로 건너가 라이프치히대학에서 프리드리히 오스트발트 교수
(1853~1932)의 지도를 받았습니다. 오스트발트 교수 또한 개성이 강
한 사람이었습니다. 그는 화학자였지만, 원자가 실제로 존재한다고
는 생각하지 않았습니다. "원자는 어디까지나 설명을 위한 것이다.
원자가 실제로 존재한다면 내 앞에 보여주게. 그럼 믿어주지"라고 말

●●● 1897년 도쿄제국대학으로 이름이 바뀌었고 1947
년에 도쿄대학이 되었다.

●●●● 오스트발트는 실재하는 것은 에너지인데, 에너
지가 존재하는 방식이 다양하기 때문에 그것을 편의상
각각 다른 '원자'라고 부를 뿐이라고 생각했다. 원자의 실
재를 역설하는 루트비히 볼츠만(1844~1906)을 거세게

몰아붙였고, 꼭 그것 때문만은 아니었겠지만 볼츠만은
결국 자살하고 말았다. 하지만 몇 년 뒤, 프랑스 물리학자
장 바티스트 페랭(1870~1942)이 분자의 브라운 운동을
관찰하고, 알베르트 아인슈타인(1879~1955)이 이것을
물 분자 간의 충돌로 설명하자(1908년) 오스트발트도 원
자설로 생각을 바꾸었다고 한다. 무덤 속에서 이 소식을
들었을 볼츠만은 과연 뭐라고 말했을까?

했다고 합니다.**** 이케다는 오스트발트의 충실한 제자로서 개념은 실체를 수반해야 한다고 믿었습니다.

유학을 마친 뒤, 도쿄제국대학의 교수가 된 이케다는 감칠맛이 실제로 존재한다는 것을 증명하기 위해 밤낮없이 연구에 몰두했습니다. 감칠맛을 내는 대표적 식재료인 다시마를 바짝 조려서 금속염으로 침전시켜 맛보기를 수없이 반복했습니다. 그리고 1907년, 드디어 감칠맛을 내는 물질을 추출해내는 데 성공했습니다. 그것이 바로 글루탐산입니다. 납으로 침전시켜 추출했다고 하니 상당히 위험한 작업이었습니다.[7]

1909년에 이케다는 감칠맛을 특허로 등록하고, 스즈키 사부로스케 상점**을 통해 제조와 판매를 시작했습니다.[8] 이케다는 상품의 이름을 글루탐산이라고 하고 싶어했지만, 스즈키는 "선생님, 그럼 팔리지 않습니다. '아지노모토味の素(맛의 본질)'라고 하죠"라며 이케다를 설득했습니다. 스즈키의 판단은 정확히 맞아떨어졌습니다. 러일전쟁 직후의 황폐함에서 벗어나면서 아지노모토는 불티나게 팔렸습니다.

때마침 일본은 산업국가로 도약하기 위해 그 기반이 되는 과학 연

---

* 산이나 나트륨염은 물에 잘 녹는다. '육수를 낸다'는 것은 식재료에서 이런 성분을 물에 녹여내는 것이다. 이케다는 물에 녹아 있는 글루탐산을 염으로 떨어뜨려 추출할 때 납을 이용했다.

** 스즈키 상점은 쌀가게로 출발했지만 사부로스케(1868~1931)가 쌀 시세를 제대로 예상하지 못해 사업에 실패하고, 어머니와 아내가 부업으로 김을 구워 아이오딘(요오드)를 채취해서 먹고 살았다. 이 해초 상점이 인연이 되어 이케다의 다시마 제품을 가져왔다.

*** 소화제로 쓰인다. '찰떡을 무즙이랑 먹으면 소화가 잘 된다'라는 말에 힌트를 얻어 다카미네가 무와 누룩에서 녹말분해효소인 아밀레이스(amylase)의 한 형태를 추출해 제품화했다. 다카미네는 세계 최초로 에피네프린(아드레날린이라고도 한다)이라는 호르몬을 추출했

구 진흥을 최우선으로 했습니다. 1919년에는 제국의회에서 일본 최대의 과학연구소인 이화학연구소理化學硏究所(줄여서 '리켄理硏'이라고 부른다) 설립이 결정되자, 이케다는 도쿄제국대학 교수를 겸하면서 그곳의 화학부장으로 취임했습니다. 이케다는 도쿄제국대학과 리켄에서 아지노모토에 대한 연구에 온 힘을 쏟았습니다.

설립 당시 리켄은 나라에서도 돈을 댔지만 민간 자금도 허용했습니다. 다카미네 조키치의 다카디아스타아제°°°, 스즈키 우메타로°°°°의 비타민 A와 비타민 B의 발견, 그 외 합성고무, 복사기°°°°°, 합성청주°°°°°° 같은 신제품 개발이 활발히 진행되었습니다. 지금의 벤처기업과 유사하지요.[9] 이 기업들을 '리켄 콘체른'이라고 합니다. 현재리켄은 100퍼센트 나랏돈으로 운영되고 있는데, 개인적으로는 초심으로 돌아갔으면 합니다.

건조미역을 개발한 회사는 리켄비타민입니다.[10] 이케다가 건조 다시마를 대량으로 구입해서 보존한 기술을 응용했을 겁니다. 세계에서 가장 잘 늘어나고 잘 찢어지지 않는 얇은 고무를 특별한 용도, 즉콘돔으로 이용한 회사는 리켄고무로, 현재의 오카모토라는 회사입니다.[11] 복사지와 복사기를 만들어 팔다가 광학기기 전반으로 사업

고, 일본 최초의 합성비료 회사를 만드는 데도 큰 공헌을 했다.

°°°° 1910년 세계 최초로 비타민 B₁을 추출하였고, 비타민 B₁이 인체에 미치는 영향을 밝혔다.

°°°°° 복사기의 원조인 청사진은 다이아조 화합물을 칠한 감광지에 반투명 종이를 겹쳐 자외선을 쬐어 만든

다. 종이의 까만 부분은 빛이 차단되어 다이아조 화합물이 분해되지 않고 남아 있기 때문에 페놀 화합물이 포함된 현상액과 반응시키면 짙은 청색 빛이 난다. 저자가 학생이던 1970년대에는 이 복사기를 사용했다.

°°°°°° 청주를 분석해 성분을 정하고 그것을 화학적으로 재구성한 인공 술이다. 쌀이 귀하던 전쟁 중에는 이것으로 술 수요를 감당했다.

을 넓힌 회사는 리켄감광지로 현재의 리코RICOH입니다.[12]

조금 다른 이야기인데, 이케다는 독일에서 공부를 마친 뒤 귀국하는 길에 영국 런던에 들러 노이로제에 걸린 한 일본인 유학생의 하숙집에 6개월(1901년 5~10월) 동안 머물렀습니다. 그는 매일 밤 그 유학생과 문학에 대해 토론했습니다. 그 유학생도 머지않아 일본으로 귀국해, 라프카디오 헌●의 후임으로 도쿄제국대학 영문학 강사가 되었고, 1907년에 〈문학론〉, 1909년에 〈문학평론〉을 저술했습니다. 이 논문은 문학 분석에 과학적 방법론을 도입한 명저로 런던에서 밤마다 이케다와 씨름했던 논의가 동기가 되었다고 합니다.[13] 그는 이 업적으로 문학박사 학위 추천을 받았지만 사양했습니다. 자신만의 업적이 아니라고 생각했기 때문일지도 모릅니다. 그의 이름은 바로 나쓰메 소세키입니다.

6번째 맛을 찾아서

하지만 이케다의 '5번째 맛'은 세계 학계에 바로 받아들여지지 않았습니다. 필자도 독일에서 2년간 산 적이 있는데, 그들의 음식 맛은 4가지뿐입니다. 그들이 좀처럼 인정하지 않던 감칠맛이 지금은 인정을 받게 된 것은 앞에서 설명한 해당 맛을 담당하는 센서가 발견되었기 때문입니다. 단맛이나 짠맛에는 반응하지 않고 글루탐산과 가쓰오부시의 감칠맛을 내는 이노신산에 반응하는 세포가 실제로 존재한다는 게 밝혀졌습니다. 6번째 기본 맛(6번째의 맛세포)을 절대 발견할 수 없다고 단언할 수는 없지만, 아마도 감칠맛 센서를 탐색하면서 철저히 조사했기 때문에 아마도 없지 않을까 싶습니다.[**]

매운맛(짠맛이 아니라 고추나 겨자의 매운맛)은, 혀뿐만 아니라 전신에 분포하는 통증감각 센서가 감지하는 자극반응으로 혀의 통증감각이기 때문에 생물학에서 말하는 맛에는 포함되지 않습니다.[*] 단맛, 신맛, 짠맛, 쓴맛, 감칠맛을 영어로는 sweet, sour, salty, bitter, umai라고 합니다. 그 명사형은 sweetness, sourness, saltiness, bitterness, umami입니다. 감칠맛만 불규칙 변화이기 때문에, 서양의 생리학자들이 골치 아파합니다.

단맛을 더 잘 느끼는 사람이 있다

한번 생각해 봅시다. 똑같은 음식을 먹었는데, 내가 느낀 맛과 다른 사람이 느낀 맛이 같을까요? 여기 소금($NaCl$)을 물에 녹인 식염수를 가져왔습니다. 0번부터 7번까지 숫자가 커질수록 농도가 진해집

---

[*] Lafcadio Hearn(1850~1904), 영국 출신으로 일본에 귀화한 작가. 도쿄제국대학에서 강의하면서 일본의 민담과 기담을 수집하여 모은 《괴담》을 비롯하여 여러 권의 책을 펴냈다.

[**] 2015년 7월 23일, 미국 퍼듀대학의 리처드 매티스(Richard D. Mattes) 연구팀이 제6의 기본 맛으로 '지방의 맛'이 맛이 있다고 발표했다. 아직 검증이 진행 중이다.

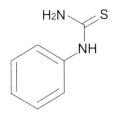

그림 1-6 페닐싸이오카바마이드(PTC)
요소(NH_2-CO-NH_2, Urea) 유도체로 보고 페닐싸이오우레아라고 부르기도 한다.

니다. 번호순으로 맛을 보고 몇 번부터 짠맛이 느껴지는지 말해주세요.

우선 0번. 벌써 짠맛이 느껴지나요? 그건 기분 탓일 겁니다. 0번은 그냥 증류수입니다. 물맛이라는 게 있을 수도 있지만 그건 짠맛과는 다릅니다.* 짠맛을 느꼈다면 더 이상 맛보지 않아도 됩니다. 자, 어떤가요? 가장 민감한 사람은 3번에서 벌써 짠맛을 느꼈지만, 그래도 4번이 가장 많네요.

이번엔 페닐싸이오카바마이드(PTC)를 준비했습니다. 마시지 말고 살짝 맛만 보세요. 쓴맛을 느꼈다면 더 이상 맛보지 않아도 됩니다.

이번엔 어떤가요? 가장 민감한 사람은 3번에서 쓴맛을 느꼈네요. 하지만 6번에서도 쓴맛을 느끼지 못하고 마지막 7번에서 쓴맛을 느낀 사람도 있습니다. 7번은 PTC를 더 이상 녹일 수 없는 포화농도의 용액입니다. 3번에서 쓴맛을 느낀 사람이 7번을 맛본다면 아마 믿지 못할 겁니다.

그림 1-7의 그래프는 우리가 지금 한 미각 테스트를 매년 시행해 그 데이터를 집계한 겁니다. 여기서 재미있는 사실을 발견할 수 있습니다. 식염수는 대체로 4번(무게농도 0.625%) 부근에 몰려 있습니다. 개인차가 비교적 작다고 할 수 있지요. 하지만 PTC는 상당히 넓게 분포해 3번(0.0008%)에서 느끼는 사람과 6번(0.05%)에서 느끼는 사람,

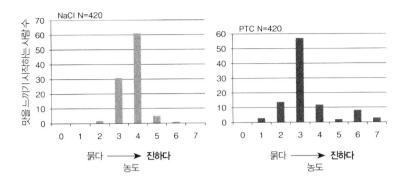

그림 1-7 식염수와 PTC 감도 곡선. 식염수는 5%인 원액(농도 7)부터 2배씩 희석하였고, PTC 용액은 0.2%인 원액(농도 7)부터 4배씩 희석한 것이다. 2001~2014년, 오사카대학 학생과 주변의 다양한 사람들 420명에게 테스트한 결과다. 식염수는 농도 4(0.625%)에서 반응하는 사람이 가장 많았지만, PTC용액은 농도 3(0.0008%)에서 반응하는 민감한 사람과 농도 6(0.05%)에서도 반응하지 않는 둔감한 사람의 두 부류로 나뉜다.

두 부류로 나뉩니다. 이렇게 PTC용액의 쓴맛을 잘 못 느끼는 사람을 'PTC 미맹'이라고 합니다. 동아시아에서는 인구의 10퍼센트 정도, 서양에서는 30퍼센트 정도가 PTC 미맹이라고 합니다.[15]

이 테스트에서 또 한 가지 알 수 있는 사실은 식염수에 민감한 사람이 반드시 PTC에 민감하지는 않다는 겁니다. 미각이란 사람마다 다릅니다. 맛에 대한 감도도 각각 다르고, 쓴맛을 잘 느끼는 사람이 있

● 미뢰는 침에 늘 노출되어 느끼지 못하지만, 침을 물로 씻어내면 감각이 생긴다. 그것을 물맛이라고 한다.

는가 하면 단맛을 잘 느끼는 사람이 있습니다. 생각해 보면 색도 내가 보고 있는 색과 다른 사람이 보고 있는 색이 같으리라는 보장은 없습니다.

생물학의 '미각'과 일상의 '미각'은 다르다

다음 테스트는 좀 더 재미있습니다. 오렌지 주스, 사과 주스, 파인애플 주스를 준비했습니다. 셋 다 과즙 100퍼센트로 설탕을 넣지 않은 주스입니다. 우선 주스를 마시고 맛의 차이를 확인해 보세요.

이제 두 사람씩 짝을 지어 주세요. 안대를 나눠줄 테니 한 사람은 눈을 가리고 코를 막으세요. 다른 한 사람은 주스의 내용물을 알려주지 말고 눈을 가린 사람에게 건네세요. 자, 이제 무슨 주스인지 맞춰볼까요? 오렌지 주스는 신맛이 나니까 어렵지 않을 거예요. 하지만 사과 주스랑 파인애플 주스는 좀 헷갈릴 수도 있어요.

간단하죠? 이번에는 또 다른 과즙 100퍼센트 주스 X를 가져왔습니다. 눈을 가리고 코를 막은 채 맛을 보고 맞춰보세요. 마트에서 산 주스이니 처음 보는 맛은 아닐 겁니다.

맞아요, 백포도(머스캣) 주스입니다. 막았던 코를 열면 바로 알 수 있습니다. 이렇게 우리가 일상에서 말하는 미각이란 상당 부분 후각이나 촉각(혀끝에 닿는 맛)에 의지합니다. 오렌지 주스는 시각의 영향도 큽니다. 감기에 걸려 코가 막히면 맛을 알 수 없다고 하는데, 다 이유가 있었습니다.**

맛을 바꿔버리는 물질

마지막으로 미라클프루트(미라클베리)라는 나무열매의 작용에 대해
알아보려 합니다. 우선 레몬즙을 살짝 맛보세요. 이것도 과즙 100퍼
센트입니다. 굉장히 실 거예요. 신맛을 확인했다면 잠시 그 맛을 기
억해 두세요.

자, 여기 미라클프루트, '기적의 열매'라는 것을 준비했습니다. 하
나씩 가져가 껍질을 벗기고 맛을 보세요.
입 안에서 열매를 굴려 보세요. 입 안 구석
구석에 바른다는 느낌으로 하면 됩니다.

입 안에 충분히 발랐다 싶으면 다시 한
번 레몬즙을 맛보세요. 어떤가요? 이젠 시
지 않죠? 아직 신맛이 느껴진다면 입 안에
기적의 열매 과즙이 충분히 퍼지지 않은 겁
니다. 다시 한번 기적의 열매를 입 안에 바

그림 1-8 미라클프루트는 생과
일도 있지만 동결건조한 것도 있
다. 동결건조한 것도 효과는 같
다.

---

* 색의 감도에는 개인차가 있는데, 어느 파장에 어느 색
을 할당할지는 뇌의 일이다. 그래서 경험이나 문화에 따
라 차이가 있는 게 당연하다. 일본인은 무지개를 7색으로
보지만, 미국인은 6색, 중국인은 5색으로 본다고 한다.

** 덧붙여 말하면, 인간의 미각은 감각만으로 정해진다
고 할 수도 없다. 이를테면, 아무리 깨끗하다 해도 실험용
비커로 차를 마시면 느낌이 다르고, 소변검사용 종이컵
(안에 파란 동심원이 그려져 있는 컵)으로 맥주를 마시면
또 다를 수밖에 없다.

른 다음 레몬즙을 맛보세요. 이젠 정말 시지 않죠? 레몬주스나 생식
초도 벌컥벌컥 마실 수 있을 거예요. 오렌지 주스와 파인사과 주스를
한번 마셔보세요. 설탕물 마시는 느낌일 겁니다. 아쉽게도 이 효과는
15분 정도 지나면 사라지고 다시 신맛이 돌아옵니다.

 이는 미라클프루트에 포함된 미라쿨린이라는 단백질 때문입니
다.[18] 미라쿨린처럼 맛을 바꿔버리는* 물질을 '미각변화물질'이라 합
니다. 미라쿨린 외에도 기무네마차茶**의 짐넴산gymnemic acid(단맛을
느끼지 못한다), 커피에 포함된 클로로겐산chlorogenic acid(물이 달게 느껴
진다) 같은 것이 있습니다. 앞에서 식염수 테스트를 하면서, 짠맛을
느꼈다면 더 이상 맛보지 말라 한 것은 식염에도 미각변화효과가 있
기 때문입니다.***

 미라쿨린이 어떻게 신맛을 단맛으로 바꾸는지는 미라쿨린의 구조
를 밝혀낸 구리하라 요시에 교수가 돌아가신 후 제자들의 노력으로
밝혀졌습니다(그림 1-9). 미라쿨린은 단맛 수용세포의 표면에 있는

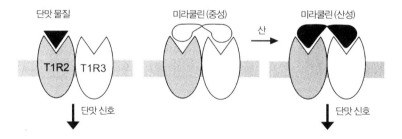

그림 1-9 미라쿨린의 원리. 단맛 수용체는 T1R2와 T1R3의 이합체로 미라쿨린(이것도 이합체)과 결
합한다. 하지만 입안이 중성일 때는 수용체를 활성화하지 않는다. 하지만 산성이 되면 미라쿨린의
구조가 바뀌고, 단맛 수용체를 활성화해 맛세포가 흥분하면서 뇌의 섬엽이 단맛이라고 판단한다.

단맛센서분자(T1R2-T1R3 이합체)와 결합하는데, 결합만으로는 센서가 활성화되지 않아 맛이 바뀌지 않습니다. 여기에 신맛이 들어가면 미라쿨린의 구조가 바뀝니다. 구조가 바뀐 미라쿨린이 단맛 센서와 결합하면 형태가 바뀌면서 단맛 센서를 활성화합니다. 단맛 센서가 정보를 전달하면 뇌는 당이 들어왔다고 해석합니다. 즉, 신맛을 달게 느끼는 거죠.

　미라쿨린은 설탕을 섭취하지 않고도 단맛을 느낄 수 있기 때문에 다이어트 식품으로도 유망합니다. 조만간 다이어트 보조식품으로 약국에서 팔릴지도 모르겠습니다. 미용뿐만 아니라 비만이나 당뇨병으로 설탕을 제한할 필요가 있는 사람에게도 도움이 될 겁니다. 다만 인공적으로 합성하려면 비용이 많이 듭니다. 미라클프루트는 온실이 있으면 어디서든 기를 수 있으니 인공합성보다는 집에서 키우는 것도 좋은 방법입니다.[19]

● 맛과 관련된 물질을 바꾼 게 아니기 때문에 미각을 바꿨다고 하는 게 좋다.

●● 일본에서 다이어트 음료로 사용된다. 우리나라에서는 '가가이모과'라 불리는 식물로 만든다.

●●● 단맛의 감도를 높인다. 그래서 수박에 소금을 뿌리면 더 달게 느껴진다. 또한 감칠맛 감각도 높인다. 생선회는 간장에 찍어 먹으면 더 맛있다. 회 자체의 맛을 즐긴다며 아무것도 찍지 않고 먹는 것은 맛을 반만 즐기는 것이다.

빛에 파장이라는 속성은 있지만 색이라는 속성은 없다. 동물의 뇌가
파장을 색이라는 감각으로 받아들이는 것뿐이다. 본문에서 '사람이
노란색으로 느끼는 빛', '사람이 빨간색이라 부르는 빛'처럼 에둘러
말한 것은 이 점을 강조하고 싶었기 때문이다.

사람이 색이라고 부르는 감각을 다른 감각으로 받아들이는 동물
이 있을 수도 있다. 예를 들어, 사람이 빨간색이라고 부르는 파장 700
나노미터의 빛을 돌출된 감각으로, 사람이 보라색이라고 부르는 파
장 430나노미터의 빛을 움푹 들어간 감각으로 받아들여 풍경을 요철
로 인식하는 동물이 있을 수도 있다.

본문에서 햇빛은 3색이 아니라고 했다. 햇빛의 스펙트럼은
400~800나노미터, 즉 사람의 가시 영역에서 연속적이다(세기가 일
관되지는 않고, 장파장 쪽이 좀 약하다). 하지만 인공조명의 경우는 또
다르다.

백열전구의 스펙트럼은 그래도 햇빛에 가까운 편이지만, 형광등
의 스펙트럼은 파란색, 초록색, 주황색 세 군데 파장 영역에 피크가
있다. 관 안쪽에 어떤 형광물질을 칠하느냐에 따라 주광색daylight 혹
은 주백색natural white이 된다. 최근 에너지 고효율 제품으로 보급된 백
색 LED 조명은 파란색과 노란색 파장 영역에서 피크를 보인다. 465

나노미터의 파란색 LED에서 나오는 빛과, 그것을 560나노미터 주변의 빛으로 바꿔주는 형광물질을 발라놓았기 때문이다. 형광등이나 LED가 흰 빛으로 보이는 이유는 본문에서 설명한 것처럼 망막의 3종류 센서가 전부 활동하여 뇌가 그것을 흰색이라고 해석하기 때문이다. 가시광선 영역의 모든 파장에서 빛을 내놓는 햇빛의 흰색과는 다른 것이다.

이는 일상생활에 큰 영향을 미친다. 극단적으로 말하면, 파랑, 초록, 빨강의 단색광으로 이루어진 광원 아래에서 흰 판은 하얗게 보이지만, 노란 달걀, 즉 노란색을 반사하는 물체는 광원에 노란색 빛이 없어 반사가 일어나지 않아 거무스름하게 보인다. 형광등 아래에서 달걀 요리가 유난히 맛없어 보이는 이유다.

최근 자외선 영역의 파장이 없기 때문에 그림을 망가뜨리지 않는다고 해서 미술관에 LED 조명을 도입하려는 시도가 있다. 하지만 화가가 햇빛 아래에서 그린 그림, 예를 들어 밀레나 윌리엄 터너의 풍경화를 LED 조명에서 감상하면 화가가 의도한 색과는 다른 색으로 보일 것이다. 그래서 미술관용 LED 조명을 따로 개발한다고 한다.[20]

5번째로 발견한 맛을 감칠맛이라고 했는데, 보다 정확히는 아미노산 혹은 핵산의 맛이라고 해야 한다. 글루탐산은 다시마나 토마토에 다량 함유되어 있으며(이탈리아 요리에서 토마토는 일본 요리의 다시마와 같은 육수 역할을 한다), 감칠맛 센서세포를 활성화하는 대표 물질이다. 글루탐산 외에도 감칠맛 센서를 활성화시키는 물질이 있다. 가쓰오부시의 감칠맛은 이노신산, 표고버섯의 감칠맛은 구아닐산이라는 뉴클레오타이드(뉴클레오타이드란 유전자 DNA나 RNA를 구성하는 기본단위다)로 감칠맛 센서를 활성화한다.

맛을 내는 아미노산과 뉴클레오타이드가 어떤 센서세포(T1R1-T1R3의 이합체)와 결합하는지도 알고 있다. 이들 아미노산과 뉴클레오타이드는 센서세포의 서로 다른 장소에 결합한다. 이것이 '아와세다시合わせだし(화학조미료는 사용하지 않고 가쓰오부시와 다시마만으로 고유의 맛을 조화롭게 살려낸 육수)'의 원리와 연결된다. 즉, 다시마 육수의 글루탐산에서 활성화된 T1R1-T1R3는 가쓰오부시 육수의 이노신산에 의해 한층 활성화된다. 이것이 아와세다시의 원리다.[21]

아미노산이나 뉴클레오타이드가 감칠맛을 활성화시키는 이유는 뭘까? 간단하다. 동물이 이 물질을 필요로 하기 때문이다. 반대로 말하면 동물은 자신이 필요로 하는 것을 감칠맛으로 느끼고 섭취해 살아남는 것이다. 만약 감칠맛을 느끼지 못하면 영양실조에 걸려 대를 잇지 못하게 된다.

에너지원이 되는 당류에서 단맛을 느끼고, 몸 속에 들어가 이온이 되는 염류에서 짠맛을 느끼는 것과 마찬가지다. 반대로 신맛(부패한 것)과 쓴맛(알칼로이드, 독물)은 동물이 피해야 할 신호다.

다시마에 왜 필요 이상으로 많은 글루탐산이 들어 있는지는 알 수 없다. 단순히 우연일지도 모른다. 하지만 가쓰오부시에 이노신산이 풍부한 데는 이유가 있다. 가쓰오, 즉 가다랑어는 헤엄치지 않으면 죽어버리는 생선이라 항상 빠르게 헤엄치며 움직인다.[22] 당연히 근육은 에너지원인 ATP(아데노신 3인산)를 다량 축적한다. 가쓰오를 잡아 잠시 두면 ATP는 ADP(아데노신 2인산)와 AMP(아데닐산)로 분해된다. 이때 아데닌탈아미노효소가 함께 활동하면 ATP는 ITP로, ADP는 IDP로, AMP는 IMP가 된다. 이 IMP가 바로 이노신산이다. 따라서 회유어回游魚의 건어물은 다 좋은 육수를 낸다. 이를테면, 니보시(정어리 말린 것), 사바부시(고등어로 만든 가쓰오부시)가 그렇다. 반대로 움직이지 않는 생선, 헤엄치지 않는 생선은 육수용으로 맞지 않다. 넙치나 도미는 확실히 맛이 없다. 만약 아데닌탈아미노효소가 움직이지 않으면 AMP가 쌓이는데 이는 연체동물이나 절지동물의 고기에서 맛볼 수 있는 감칠맛이다. 이를테면, 오징어, 가리비, 새우, 게의 감칠맛이다.[23]

글루탐산 이야기로 돌아가자. 아지노모토를 뇌의 신경세포가 사용하는 정보전달물질이라고 주장한 사람이 있다. 게이오기주쿠慶應義?대학의 하야시 타카시 교수는 자신의 연구결과를 기록한 책《머리가 좋아지는 책》을 1906년에 출판하여 그 해의 베스트셀러 2위에 올랐다. 그것도 그럴 것이 하야시 교수는 나중에 나오키상(1937년)을 받기도 했다. 그의 필력은 절대적이었다. 책을 열심히 읽은 어머니들은 자식에게 매일 작은 수저로 한 순가락씩 아지노모토를 먹였다. 나 역시 그렇게 자랐다.

지금 생각하면 대단히 위험한 일이다. 뇌에는 엄격한 장벽이 있어 뇌에 들어가도 괜찮은 물질과 들어가면 안 되는 물질을 구별하지만(따라서 보통은 아지노모토를 먹어도 아무 이상 없다), 고열로 이 장벽이 제대로 작동하지 않으면 글루탐산이 뇌로 들어가 무차별적인 흥분, 즉 경련을 일으킨다.

같이 읽기 3 | 미맹의 유전학

'PTC 미맹'은 왜 생겼을까? 유전학적으로 보면 쓴맛 센서세포에 PTC 센서 분자(T2R38)가 없기 때문이다. 이 T2R38 유전자는 염색체에 한 개밖에 없어 PTC 미맹은 멘델의 유전법칙에 잘 맞는다. 부모 중 한 사람이라도 T2R38 유전자가 있다면 PTC를 검출하는 데 충분하기 때문에 자식은 우성이 된다. 다시 말해 PTC 미맹인 사람은 부모 양쪽 모두 PTC 미맹이다.

몇 년 전, 어느 지방 소도시에서 부모님과 함께 하는 요리교실을 열었는데, 아이들을 대상으로 PTC 미맹 테스트를 한 적이 있다. 무심코 부모님에게도 같은 테스트를 했는데, 다행히 PTC 미맹인 아이들의 부모님은 모두 PTC 미맹으로 나왔다. 만약 그렇지 않았다면 그날 요리교실은 아수라장이 되었을지 모른다. 그날 많은 반성을 했다. 요즘은 분명 혈액형도 쉽게 이야기할 수 없는 시대다.

한편, 쓴맛 센서 분자는 T2R38뿐만 아니라 몇 종류가 더 있기 때문에 (T2R 패밀리라고 한다. 피해야 할 독물이 다양하게 존재한다는 것을 말해준다), PTC 미맹인 사람이 모든 쓴맛을 느끼지 못하는 건 아니다. 이를테면, 커피는 PTC 미맹인 사람들도 쓰다고 한다.

2강

색 이야기

COLOR

파란색 식재료를 찾아서

이탈리아에서 아는 사람이 놀러 와 환영하는 의미로 초록색, 하얀색, 빨간색으로 된 이탈리아 국기와 빨간색과 흰색으로 된 일본 국기를 뜻하는 요리를 만들어 대접한 적이 있습니다. 샐러드로는 파프리카와 콜리플라워, 그린 아스파라거스를, 차가운 수프로는 감자와 완두콩 수프에 토마토 주스를 살짝 토핑하고, 메인 요리로는 토마토소스 새우 파스타, 화이트소스 오징어 파스타 그리고 바질소스 파스타까지 3가지 색의 파스타를 준비했습니다. 다행히 고심한 보람이 있었습니다.

인간에게 요리는 단순히 영양 섭취의 수단일 뿐 아니라 오락이자 문화이기도 하고 정체성을 확인시켜 주기도 합니다. 그래서 요리에서 색은 대단히 중요한 요소입니다. 이탈리아 사람이었기에 망정이지 프랑스나 미국 사람이었다면 힘들었을 겁니다. 파란색 식재료는

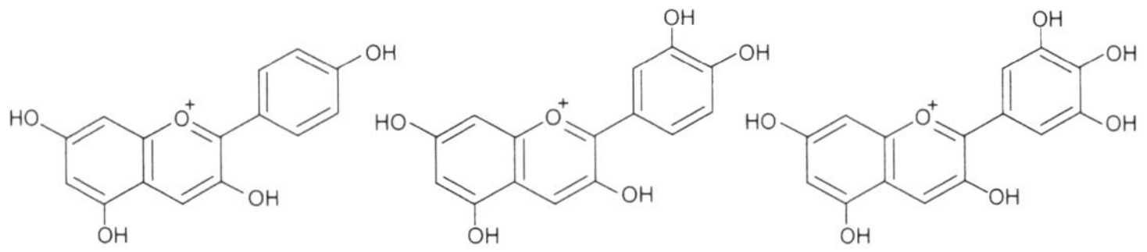

| 펠라르고니딘 | 사이아니딘 | 델피니딘 |

그림 2-1 안토사이아닌은 당과 안토사이아니딘이라는 색소가 결합된 물질이다. 색소에는 여러 종류가 있는데, 대표적인 몇 가지 색소의 구조다. 펠라르고니딘은 딸기의 빨간색, 사이아니딘은 적포도나 라즈베리의 적자색, 델피니딘은 제비꽃의 파란색을 나타낸다. OH⁻기가 포함된 다수의 방향족 고리화합물이 들어 있다. 이들은 폴리페놀 계열의 물질로 항산화 작용을 한다.

찾기 힘들기 때문이죠. 지금 떠오르는 건 블루베리와 오키나와의 파란비늘돔 정도입니다. 식용색소(청색 1호 등)로 인공적으로 파랗게 물들일 수도 있지만 그다지 식욕이 생길 것 같지는 않습니다.[•]

반드시 파란색 식재료를 써야 한다면 파란색에 가까운 보라색 식재료를 사용할 수 있습니다. 파란색에 비하면 보라색 식재료는 그나마 구하기 쉽습니다. 가장 먼저 떠오르는 건 역시 가지입니다. 가지의 보라색은 안토사이아닌에 의한 것인데, 안토사이아닌은 수용성 색소이기 때문에 색을 남기고 싶으면 기름에 튀겨야 합니다. 가지의 과즙이 기름을 흡수해 열량이 높아지는 게 싫으면 껍질에 기름을 두

[•] 식용색소 청색1호(브릴리언트 블루)에는 신경염을 완화하는 약효가 있다. 다만 몸이 약간 파랗게 된다는 부작용이 따른다.

[••] 당과 색소가 결합한 물질로, 글리코사이드라고 한다.

당과 색소는 다양한 종류가 있고 그 조합도 여러 가지다.

[•••] 리트머스 시험지란 리트머스이끼의 안토사이아닌 색소(주로 7-하이드록시페녹사존)를 흡수시킨 여과지를 말한다. 리트머스이끼는 식물학적으로는 이끼가 아니

르고 전자레인지를 사용하면 됩니다.

안토사이아닌은 단일 화합물이 아니고 색소와 당이 결합한 일군의 유도체**를 부르는 말로, 딸기의 빨간색부터 가지의 진한 보라색까지 색조는 다양하지만(그림 2-1), 공통된 특징으로 산성에서 좀 더 빨개지고, 염기성에서 좀 더 파랗게 됩니다. 네, 리트머스 시험지***와 같습니다.

보라색 양배추를 사용할 수도 있습니다. 이 보라색도 안토사이아닌에 의한 것이기 때문에 성질이 같습니다. 야키소바에 보라색 양배추를 넣으면, 다음과 같은 실험을 할 수 있습니다. '음식으로 장난치면 안 돼'라는 말을 들을지도 모르겠지만, 집에서 꼭 한번 해 보세요.

우선 보라색 양배추를 잘게 썰고, 프라이팬에 물을 조금 넣고 끓여요.**** 물이 보라색이 되겠죠. 색소 추출에 성공했습니다. 거기에 야키소바를 넣습니다. 한 번 보세요. 노란색이던 면이 녹색이 돼버렸습니다.

중화면은 간수*****를 함유한 염기성이라 안토사이아닌이 보라색에서 파란색으로 바뀌기 때문입니다. 노란색 면에 파란색 물이 스며들어 초록색이 되는 거죠. 초록색 야키소바는 맛없을 거 같다고요?

라 지의류, 즉 균류와 조류의 공생체다.

**** 물에 양배추를 넣고 먼저 끓이는 이유는 세포를 파괴해 색소를 세포 밖으로 꺼내기 위해서다. 그러면 다음에 넣을 야키소바의 면과 접촉할 기회를 늘릴 수 있다.

***** 간수는 탄산칼륨이나 탄산나트륨이 주성분인 염기성 용액이다.

맛은 똑같습니다.

그럼 우스터소스를 뿌리고 기름에 볶아 봅시다. 또 이상한 일이 일어났네요. 면이 다시 노란색으로 돌아왔습니다. 다행이에요. 우스터소스는 식초를 함유한 산성이기 때문에 안토사이아닌이 다시 빨간색으로 돌아온 겁니다.

이런 식재료의 색 변화는 요리할 때 조금만 신경 써서 보면 실은 대단한 일도 아닙니다.

이를테면, 카레맛 야키소바를 만들어 봅시다. 카레 가루는 향이 생명이기 때문에 마지막에 넣는 것이 보통이지만, 우리는 먼저 넣어봅시다. 면이 빨개집니다. 이건 카레 가루의 노란색 색소인 커큐민이 염기성에서 빨간색으로 변하기 때문입니다. 이번에도 소스를 넣어 중성 혹은 산성으로 바꾸면, 면은 다시 노란색으로 돌아옵니다.

홍차에 레몬을 넣으면 홍차의 색이 옅어집니다(그림 2-2). 이것도

그림 2-2 사진 왼쪽의 홍차에 레몬즙을 짜 넣으면 오른쪽처럼 색이 옅어진다.

원리는 비슷합니다. 홍차에는 벤조트로폴론BT, benzotropolone이라는 물질이 함유되어 있습니다. BT는 중성에서는 붉은색이지만 산성에서는 무색입니다. 레몬의 시트르산(구연산)이 홍차를 산성으로 만들어 BT의 붉은색을 없애는 거죠.

먹을 수 있는 꽃을 올려봅시다

다시 파란색 이야기로 돌아갑시다. 파란색을 식탁에 올리는 최후의 방법으로 꽃을 사용할 수 있습니다. 이것을 '식용꽃'이라고 합니다. 말 그대로 '먹을 수 있는 꽃'입니다. 하지만 식용꽃은 콜리플라워나 브로콜리처럼 꽃이기는 하지만 먹는 용도로는 사용하지 않습니다. 식용 국화나 유채꽃도 국화초무침이나 유채나물처럼 일상에서 훌륭한 식재료로 쓰이는데, 뭐가 다르다는 건지 아리송하죠?

식용꽃은 먹으려면 먹을 수도 있지만 주로 요리의 배색이나 장식으로 사용하기 때문에, 일반적으로는 먹지 않습니다. 먹을 수 있다고 해도 게걸스럽게 먹는 사람은 없습니다. 따라서 독이 들어 있지만 않

● 먹겠다는 마음을 포기하고 식초를 사용하면 더 분명히 알 수 있다.

●● 커큐민은 안토사이아닌류(방향족 고리가 3개 있다)가 아닌 방향족 고리가 2개 있는 색소로, 염기성에서 붉게 변한다.

다면 어떤 꽃이라도 상관없지만 배색을 고려해 너무 화려한 꽃은 어울리지 않습니다. 식용꽃에 가장 적합한 꽃은 금어초인데, 유감스럽게도 금어초는 파란색이 아닙니다. 패랭이꽃, 피튜니아, 팬지는 파란색입니다.

에도시대에 나가사키를 통해 네덜란드에서 들어온 새로운 패랭이꽃*Dianthus caryophyllus*이 있습니다. 이것을 '네덜란드 패랭이꽃'이라고 합니다. 지금은 '카네이션'이라고 부릅니다. 카네이션은 너무 커서 식용꽃에 어울리지 않습니다.

패랭이꽃을 영어로 'pink'라고 합니다. 꽃의 색깔이 분홍색이라서 '핑크'인 게 아닙니다. 그 반대입니다. 패랭이꽃의 이름이 핑크이기 때문에 패랭이꽃의 대표적인 색, 즉 분홍색을 핑크라고 하는 겁니다. 물의 색이기 때문에 물색, 엽차의 색이기 때문에 갈색이라고 하는 것과 같은 이치입니다. 따라서 파란색 패랭이꽃은 blue pink라고 합니다. 우리에게는 이상하게 들리겠지만 영어권 사람들은 전혀 이상해하지 않습니다.

피튜니아*Petunia hybrida*에도 팬지*Viola tricolor*에도 파란색 품종이 있습니다. 이 파란색이 최근 학계에서 주목을 받고 있습니다. 위스키 회사 산토리가 유전자 재조합 기술로 파란 장미와 파란색 카네이션을 만들어냈습니다. 당아욱*Malva sylvestris*은 날것은 적자색의 식용꽃으로 사용합니다. 이것을 말려 허브티˚로 사용하면 파란색을 연출할 수 있습니다. 세련된 커피숍에 가면 메뉴에 있을 테니 데이트할 때 주문해 보세요. '커먼 말로우common mallow'라고 적혀 있을 수도 있습니다.

찻주전자에 커먼 말로우를 한줌 넣고 뜨거운 물을 부으면 예쁜 파란색 허브티가 완성됩니다. 하지만 바로 마시지 마세요. 딸려 나온 작은 레몬 조각이 있을 거예요. 둘이서 사이 좋게 찻잔을 바라보면서 레몬을 띄워보세요. 예쁜 핑크색으로 변할 겁니다. 사랑이 이루어지는 순간입니다. 아무 맛도 나지는 않지만 데이트에는 유용하니 잘 활용해 보세요.

원리는 아주 간단합니다. 당아욱의 파란색도 앞에서 설명한 안토사이아닌**에서 유래했습니다.

파란색 식재료로 식용꽃도 사용하지 않는다면, 마지막 수단은 식기밖에 없겠지요. 하지만 식기에 대해서는 뒤에서 이야기하겠습니다.

엽록소를 가진 식물이라면 초록색

이탈리아 국기는 왼쪽부터 초록, 하양, 빨강 순으로 되어 있습니다.

---

* 허브티도 종류가 많다. 향을 즐기고 싶다면 카모마일, 라벤더, 타임이 좋다. 건강보조식품의 효과를 노린다면 비타민 C가 풍부한 로즈피치(개장미의 열매)를 추천한다. 2차 세계대전 중에 독일 잠수함이 영국 상선을 격침시켜 레몬과 오렌지를 수입할 수 없게 되자 영국인은 비타민 C를 보충하기 위해 로즈피치를 따먹었다.[2]

** 당아욱에 들어 있는 안토사이아닌의 색소부는 말비딘(malvidin), 보라색 양배추의 색소부는 사이아니딘(cyanidin), 피튜니아의 색소부는 델피니딘(delphinidin)이다.

이탈리아 요리에 사용하는 초록색 식재료의 대표는 바실리코(영어로 바질)입니다. 파스타에 바질소스를 뿌린 것을 제노바*라고 합니다. 병조림으로도 있지만 미리 만들어두면 색이 바래지기 때문에 이건 꼭 생바질로 만드는 게 좋습니다. 전혀 비싸지 않습니다.

우선 견과류와 생마늘을 약간의 올리브유와 함께 갈아줍니다. 여기에 생바질 잎과 올리브유를 넣고 한 번 더 갈아줍니다. 그럼 다 된 겁니다. 금방 만들어지니까 요리 직전에 만들어야 합니다. 시간이 지나면 병조림과 마찬가지로 색이 바래지니까요.

바질은 차조기과 식물로, 파란 차조기에 견과류 대신 흰 깨를 넣으면 또 다른 제노바소스가 완성됩니다. 이것도 인기가 굉장히 많습니다. 이 제노바소스와 명란젓을 사용하면 초록색, 흰색, 빨간색이 갖춰진 이탈리아 요리가 완성됩니다. 흰색은 가루 치즈를 뿌리면 됩니다.

바질과 차조기 잎이 초록색인 것은, 아니 바질이나 차조기뿐 아니라 식물의 잎이 초록색인 것은 잎의 세포 안에 엽록체가 있기 때문입니다. 엽록체 안에 있는 틸라코이드라는 일종의 주머니 위에 엽록소가 있습니다. 엽록소는 붉은 빛(피크 파장이 700나노미터)과 푸른 빛

---

* 올리브유를 베이스로 한 소스를 올리려면, 파스타 면에는 스파게티보다 표면이 넓어 소스가 잘 묻는 링귀네가 어울린다. 링귀네는 얇고 넓어 쉽게 퍼지기 때문에 수분이 많은 소스에는 안 맞는다.

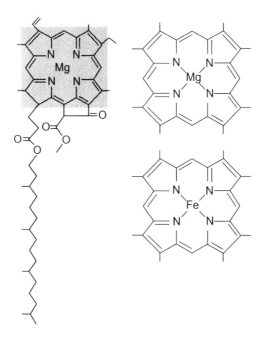

그림 2-3 왼쪽은 엽록소의 전체 모습이다. 아래로 길게 뻗은 탄화수소 사슬로 세포막에 붙들려 있다. 회색 사각형으로 구분한 부분이 포르피린 고리이고, 확대한 모습이 오른쪽 위 그림이다. 안쪽에 마그네슘이온(Mg^{2+})이 들어 있다. 오른쪽 아래는 혈색소인 헤모글로빈과 근육색소인 미오글로빈의 헴이다. 철이온(Fe^{2+})이 산소와 결합한다.

(파장이 450나노미터)을 흡수하고, 초록 빛은 반사하기 때문에 우리 눈에는 초록 빛만 닿습니다. 그래서 바질이나 차조기의 잎이 초록색으로 보입니다. 엽록소는 빛을 흡수해 무엇을 할까요? 물론 광합성을 합니다.

엽록소가 빛을 흡수하는 것은, 그림 2-3의 네모 모양으로 표시한 부분으로 포르피린 고리라고 합니다. 이 구조는 우리 몸의 적혈구 안에서 산소를 운반하는 분자인 헤모글로빈이나 근육 안에서 산소를 축적하는 미오글로빈의 빨간 색소(헴)에서 볼 수 있습니다.[*] 포르피린 고리는 생물이 금속의 화학적 성질을 이용하고 싶을 때 금속을 담아두는 바구니 역할을 합니다.[**] 헴은 철을, 엽록소는 마그네슘을 담아둡니다. 생리기능의 본체는 이 금속에 있습니다.

헴은 원래 빨간색이지만 오래되면 산화해 갈색으로 변합니다. 헴이 분해되어도 색이 변합니다. 헴이 분해되면 포르피린 고리가 열리면서 빌리베르딘이 됩니다. 이건 초록색이고, 마지막에 빌리루빈이 되면 주황색[***]으로 변합니다.

다리를 다쳐 피가 나면 처음엔 파랗다가 노랗게 변하죠? 이는 헴의 분해과정을 나타냅니다. 간이 제 역할을 못하면 황달 현상이 나타나 얼굴과 눈이 노래집니다. 이것도 간의 기능이 떨어져 빌리베르딘과 빌리루빈이 쌓이기 때문입니다.

왜 메트미오글로빈과 빌리베르딘 이야기를 꺼냈을까요? 햄이나 베이컨, 참치회가 오래되면 부패해 붉은색에서 갈색으로 변하고, 조명의 상태에 따라 초록색으로 보이기도 하지요? 이건 미오글로빈의 헴이 산화되거나 분해되어 빌리베르딘이 되기 때문입니다. 아직 썩

[*] 그뿐 아니라 세포 호흡의 핵심 분자 중 하나인 시토크롬과, 체내에서 활성산소를 중화하는 페록시데이스(peroxidase)도 유사한 분자단을 갖고 있다.

[**] 물론 포르피린 고리를 사용하지 않으면서 금속을 안고 있는 단백질도 있다.

[***] bili-verde-in(담즙의-초록색-원인), bili-ruber-in(담즙의-빨간색-원인)

은 것은 아니니 먹어도 괜찮습니다.****

토마토, 당근, 새우의 붉은색

빨간색 식재료는 많습니다. 우선 당근이 있습니다. 이 빨간색은 카로
틴, 특히 베타카로틴입니다. 당근의 학명인 *Daucus carota*에 불포화
탄화수소를 나타내는 '-ene'를 붙여서, 카로틴carotene이라고 합니다(그
림 2-4). 물에 녹지 않는 색소라 끓이거나 해도 색이 변하지 않습니다.

　카로틴을 자르면 레티놀 분자 2개가 생깁니다. 레티놀과 그 관련
물질인 레티날, 레티노산을 통틀어 비타민 A라고 합니다. 비타민 A
는 다양한 역할을 하지만 우리 몸에서 가장 중요한 역할은 눈의 망막
에서 빛을 흡수하는 분자가 되는 것입니다. 이것이 시각의 시작입니
다. 따라서 비타민 A가 결핍되면 시력이 떨어집니다. 이것을 야맹증
이라고 합니다.*****

　빨간색 식재료에는 토마토도 있습니다. 토마토에서 빨간색을 내
는 색소도 카로틴의 일종(카로티노이드)입니다. 그리스어로 토마토

**** 빌리베르딘은 근육세포에서 만들어지기 때문에 근육을 가로질러 자르면 근육세포 전체가 절단되면서 많이 나온다. 근육섬유와 평행하게 자르면 많이 나오지 않는다.

***** 야맹증을 새 눈이라고도 하는데, 닭만 어두운 곳에서 잘 못 볼 뿐, 일반적으로 새들은 밤에도 잘 본다. 아테네 여신이 데리고 다녀 지혜의 상징이 된 올빼미처럼 야행성 새도 적지 않다.[5]

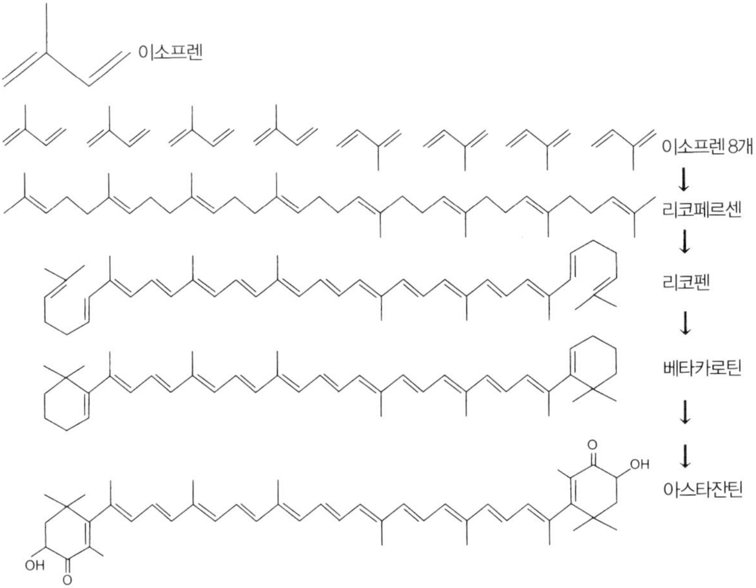

이소프렌

이소프렌 8개
↓
리코페르센
↓
리코펜
↓
베타카로틴
↓
아스타잔틴

그림 2-4 제일 위가 기본이 되는 물질로, 탄소 5개로 이루어진 이소프렌이다. 이소프렌이 중합하여
생긴 물질을 모두 터페노이드라고 한다. 그중 이소프렌 8개가 중합한 리코페르센이 카로티노이드
의 출발물질이다. 양쪽 끝이 말리면 리코펜(토마토나 파프리카에서 빨간색을 띠는 물질)이 된다. 리
코펜에서 양끝이 고리를 이루면 베타카로틴(당근에서 주황색을 띠는 물질)이 된다. 이 기본물질에
다양한 작용기가 붙은 물질을 모두 카로티노이드(카로틴류)라고 부른다. 그중 하나인 아스타잔틴
(새우와 게에서 붉은색 띠는 물질)이 제일 아래에 있다.

를 뜻하는 lykopersikon에 불포화 탄화수소를 뜻하는 '-ene'을 붙여
리코펜lycopene이라고 이름 지었습니다. 파프리카의 빨간색도 카로티
노이드로 캡산틴capsanthin입니다. 어원은 고추의 종명인 *Capsicum*에
그리스어의 노란색을 뜻하는 xanthos를 붙여 만든 것입니다.

카로티노이드는 분자 내에 이중결합이 많아 쉽게 산화되기 때문
에, 생체가 흡수하는 과산화물이나 활성산소의 공격을 직접적으로

막아줍니다.[6] 이런 항산화 작용이 체내에서 많이 일어나기 때문에 토마토가 몸에 좋다거나 노화를 막는다고 얘기를 합니다. 이 정도까지는 그래도 괜찮지만, 그것을 한층 부풀려 암을 막는다든지 면역력을 높여준다거나 병을 낫게 해준다고 말하는 건 분명 문제가 있습니다.

붉은색 동물에는 새우나 게 같은 갑각류가 있습니다. 이들의 붉은색도 카로티노이드의 일종인 아스타잔틴 덕분입니다. 하지만 대부분의 새우와 게는 살아 있을 때는 붉은색이 아닙니다. 크러스타시아닌이라는 단백질 때문에 오히려 푸른빛이 도는 회색으로 보입니다. 이 단백질에 열을 가하면(혹은 죽은 뒤 어느 정도 시간이 지나면) 단백질이 변성하면서 아스타잔틴이 분리돼 나와 붉은색을 띠게 됩니다.

연어나 송어 살의 빨간색도, 도미 껍질의 연분홍색도 아스타잔틴 때문입니다.[7] 하지만 이는 생선이 스스로 만든 색소가 아닙니다. 먹이로 섭취한 갑각류(보리새우 등)의 색소(사실은 이것도 갑각류가 먹이로 섭취한 해조류의 색소입니다)가 착색한 겁니다. 따라서 양식 방법에 따라 좀 더 붉을 수도 희게 될 수도 있습니다.

먹물의 검은색, 달걀과 옥수수의 노란색

독일에서 유학했기 때문에 국기에 검은색이 있는 게 어색하지 않지만, 세계를 둘러보면 국기에 검은색을 사용하는 나라는, 스스로 정체

성을 드러내기 위해 일부러 검은색을 사용하는 아프리카 나라들을
제외하고는 그다지 많지 않습니다.* 서양에서는 독일 외에 벨기에와
에스토니아의 국기에 검은색이 있습니다. 그리고 태극기의 궤가 검
은색입니다.

식재료 중에도 검은색 재료는 많지 않습니다. 오징어 먹물, 검은
깨, 검은 두유 정도 있겠네요. 아, 캐비어도 있습니다. 오징어 먹물의
까만색 색소는 멜라닌으로, 아미노산의 티로신에서 합성된 도파퀴
논이 결합한 분자입니다(그림 2-5). 머리카락의 검은색도 피부가 햇
볕에 검게 그을리는 것과 마찬가지입니다. 티로신을 도파퀴논으로
만드는 효소가 티로시네이스이고, 이 효소의 활성 유무와 강약에 따

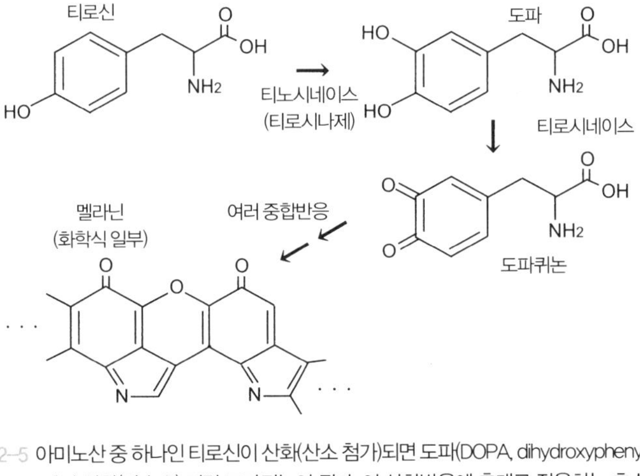

그림 2-5 아미노산 중 하나인 티로신이 산화(산소 첨가)되면 도파(DOPA, dihydroxyphenylalanine)
가 되고, 도파가 산화(탈수소) 되면 도파퀴논이 된다. 이 산화반응에 촉매로 작용하는 효소를 티로
시네이스라고 한다. 도파퀴논이 여러 단계를 거쳐 중합되면 갈색 혹은 검은색의 멜라닌 화합물이
만들어진다.

라 피부와 머리카락의 색이 결정됩니다. 전 세계, 특히 미국에서 아직까지도 티로시네이스 활성의 강약으로 차별이 이루어지고 있는 현실은 참으로 슬픈 일입니다. 나는 알코올탈수소효소의 활성이 낮아 취하면 금세 얼굴에 드러나는데, 이것을 가지고 차별한다면 참을 수 없습니다. 그런데 이와 비슷한 효소활성에 의한 차별이 횡행하고 있다니 도저히 믿기지가 않습니다.

그건 그렇고 서양에서는 오징어 먹물을 필기용 잉크로도 사용합니다. 까만 색인데다 점도도 적당해 종이에 잘 스며들기 때문입니다. 모차르트도 베토벤도 악보는 오징어 먹물로 그렸습니다. 오징어 먹물은 시간이 지나면 운치 있는 갈색으로 변하는데 이를 세피아 색이라고 합니다. 세피아는 오징어라는 말입니다.••

독일어로 오징어를 Tintenfisch, 즉 '잉크 생선'이라고 합니다. 왜 서양에서는 동양의 먹물 같은 검댕(순수한 탄소)을 필기구로 사용하지 않았을까요? 서양에서도 검댕은 얼마든지 구할 수 있었고, 탄소의 먹물은 몇 천 년이 지나도 변색되지 않는데 이상한 일입니다.•••

노란색 식재료는 많습니다. 달걀, 호박, 노란색 파프리카, 옥수수가 노랗습니다. 파에야••••를 만들 때 밥을 노랗게 하고 싶으면 사프

• 아랍의 국기는 이집트의 빨간색, 흰색, 검정색 조합을 이어받아 사용하는 케이스가 많다. 검정은 과거 강압정치의 상징으로, 가장 아래에 둔다.[5]

•• 갑오징어의 학명은 *Sepia officinalis*, 글자 그대로 사무용 오징어다.

••• 아시아에서 사용한 먹은 검댕을 아교로 녹여 만든다. 아교는 콜라겐(끓이면 젤라틴이 된다)으로 이것도 동서양을 불문하고 얼마든지 구할 수 있다.

•••• 프라이팬에 쌀, 고기, 해산물을 함께 볶은 스페인 요리.

그림 2-6 오징어 먹물로 적은 악보. 볼프강 아마데우스 모차르트(1756~1791)의 〈세레나데 2장조〉
K. 185, 1악장 앞부분의 자필 악보

란(크로커스의 암술)을 넣습니다. 하지만 사프란은 비싸기 때문에 저
는 주로 심황(울금)을 사용합니다. 음식을 노란색으로 물들이는 데는
치자나무 열매도 자주 사용됩니다.

달걀의 노란색은 앞에서 설명한 카로티노이드에 의한 것입니다.
호박도 노란 파프리카도 옥수수도 마찬가지입니다. 그런데 달걀 노
른자의 노란색은 좀 다릅니다. 이는 닭이 먹은 옥수수 사료의 색소인
제아잔틴에서 유래한 것입니다. 예전에 마당에서 사료를 먹이지 않
고 키우던 닭의 달걀은 지금보다 흰 빛을 띠었습니다. 물론 다른 곡
물에서 유래한 색소나 엽록소에서 유래한 색소도 있기 때문에 사료

에서 옥수수를 뺀다고 해도 노른자가 하얗게 되지는 않습니다. 노른 자도 흰자처럼 흰색이라면 구별하기 곤란하겠죠.[10]

| # 분자의 색과 이중결합의 개수

지금까지 여러 번 설명했지만, 빛은 전자기파다. 그렇다면 사물이 전자기파를 발생시킨다는 것은 무슨 뜻일까? 사물을 이루고 있는 원자에는 핵을 중심으로 전자들이 돌고 있다. 그중 안정적인 궤도를 돌고 있는 낮은 에너지 궤도의 전자가 외부에서 특정 파장의 전자기파를 받으면 그 전자기파의 에너지를 흡수해 에너지가 높은 궤도로 이동한다.

여기서 특정 파장이란 낮은 궤도와 높은 궤도의 에너지 차이에 해당하는 파장을 말한다. 피아노가 있는 방에서 '와' 하고 외치면, 그 목소리의 진동수와 비슷한 파장의 피아노 현이 공기의 파동을 흡수해 '부웅'하고 울린다. 그와 같은 이치다. 하지만 전자의 궤도는 연속적이지 않고 띄엄띄엄 있고 그 사이에는 궤도가 없기 때문에 (이것을 양자적이라고 한다) 흡수된 전자기파의 파장도 모두 개별적이다. 대부분의 분자는 흡수 파장이 자외선 영역에 있지만, 전자가 원자들 사이에서 많이 공유될수록 파장이 가시광선 영역으로 이동한다.

대부분의 유기물질은 탄소사슬을 갖고 있다. 예를 들어 그림 2-7의 벤젠은 (1)처럼 6개의 탄소원자가 고리를 이루고 있지만, 탄소원자 주위의 전자 중 일부는 원래 속해 있던 탄소원자의 구속에서 벗어나 탄소 고리 전체에 퍼져 있다.

즉, 벤젠은 보통 (1)처럼 하나 걸러 이중결합을 표시하는데, 실은 6개

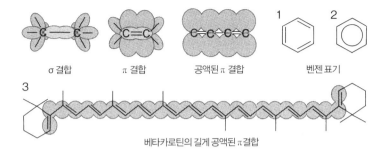

σ 결합   π 결합   공액된 π 결합   벤젠 표기

베타카로틴의 길게 공액된 π결합

그림 2-7 탄화수소 사슬에서 탄소와 탄소, 탄소와 수소 간의 단일결합은 s 오비탈의 전자를 공유하는 결합(σ 결합) 이지만, 이중결합에는 σ 결합 외에 p 오비탈 전자를 공유하는 결합(π 결합)이 있다. π결합에서 전자는 원래 있던 탄소에 묶이지 않고 자유롭게 이동할 수 있다. 이 상태를 '전자의 비국재화(non-localization)' 혹은 '공액(conjugation)'이라고 한다. 벤젠 고리는 보통 아우구스트 케쿨레(1829~1896)가 제안한 방식에 따라 ⑴처럼 그리지만, 전자가 6개의 탄소에 고루 퍼져 있으므로 ⑵처럼 그리는 게 맞다. 공액이 1단위(탄소 2개) 늘어날 때마다 30nm씩 공명파장이 길어져 ⑶에 나타나는 베타카로틴에서는 26개의 탄소가 공액 시스템을 만들어 공명 혹은 흡수파장이 가시광선 영역(파란색)에 들어간다. 따라서 보색인 주황색이 보인다.

의 탄소 간 결합은 모두 같기 때문에 전자 쪽에서 보면 (2)처럼 표기하는 게 맞다. 이런 전자를 π전자라고 하고, 전자가 '공액(켤레) 상태'에 있다고 한다. (3)은 당근 색소인 베타카로틴 분자로 26개의 탄소원자가 전자를 내놓아 서로 공액되어 있다. 이렇게 되면 흡수하는 전자파의 파장이 가시광선 영역에 들어가, 466나노미터(파란색)~497나노미터(초록색)의 빛을 흡수한다. 흡수하지 않은 빛은 반사한다. 햇빛(백색등) 아래에 둔 당근은 파란색~초록색 빛을 흡수하고, 노란색~빨간색 빛은 반사한다. 따라서 당근은 주황색 혹은 빨간색이다.

그림 2-3의 엽록소에도 공액 전자들이 있어서 430나노미터(보라색)~680나노미터(빨간색)의 빛을 흡수한다. 이웃한 분자의 상황에 따

라 조금씩 차이는 있다. 그래서 흰색 빛 아래에서 식물의 잎은 초록색을 띤다. 엽록소chlorophyll는 초록색chloro-을 좋아한다-phil는 뜻이지만, 초록 빛은 흡수하지 않는다. 아마 엽록소 입장에서는 바라지 않았을 것이다.

깊이 읽기 2 | 파란 장미의 탄생

영어권에서 blue rose는 '이루어지지 않는 사랑', '불가능한 일'을 비유할 때 사용한다. 파란 장미를 만들어낸 다나카 요시카즈는 오사카대학 대학원에서는 세균의 에너지 생산을 연구했다. 산토리에 입사한 뒤에는 회사의 주요 생산품에 필수적인 효모의 유전자 재조합 연구를 하다가 1990년부터 새로운 주제에 몰두했다. 그 결과 파란색 장미가 만들어졌다.

"파란 색소를 합성하는 유전자를 하나 넣으면 좋겠다"라는 가벼운 구상에서 시작했고, 대표는 "한 번 해봐"하고 가볍게 툭 말했다고 한다. 하지만 산토리에서 위스키가 만들어질 때처럼, 파란 장미도 그리 쉽지만은 않았다.[11]

꽃의 색은 꽃잎 세포의 액포 안에 녹아 있는 안토사이아닌에 따라 달라진다(카로티노이드에 따른 색도 있다). 안토사이아닌은 앞에서도 말했듯이 색소와 당의 결합체로, 대표적인 색소로는 빨간색의 펠라르고니

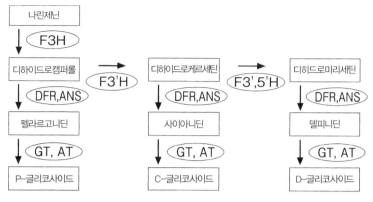

나린제닌		디하이드로케르세틴		디히드로미리세틴

```
나린제닌
  │ F3H
디하이드로캠퍼롤  ──F3'H──▶  디하이드로케르세틴  ──F3',5'H──▶  디히드로미리세틴
  │ DFR,ANS              │ DFR,ANS                    │ DFR,ANS
펠라르고니딘                사이아니딘                    델피니딘
  │ GT, AT               │ GT, AT                      │ GT, AT
P-글리코사이드             C-글리코사이드                 D-글리코사이드
```

그림 2-8 파란 장미(산토리플라워즈 제공). 네모상자는 물질명이고 타원은 효소명이다. F3H는 플라보노이드-3-수산화효소, F3'H는 플라보노이드-3'-수산화효소, F3', 5'H는 플라보노이드-3', 5' 수산화효소, DFR은 디하이드로플라보놀-4-환원효소제, ANS는 안토사이아니딘 생성효소, GT는 글리코실 전달효소, AT는 아세틸기 전달효소다. 첫 번째 목표는 델피니딘을 만드는 것이다. 다음 목표는 그것을 글리코사이드로 만들어 안정화하는 것이다.

딘(P), 적자색의 사이아니딘(C), 파란색의 델피니딘(D)이 있다.

이들은 공통 원재료인 디하이드로캠퍼롤로 만들 수 있지만, 장미는 F3′,5′H 유전자가 없기 때문에 P와 C는 만들어도 D는 만들 수 없다(그림 2-8). 이때 피튜니아의 F3′,5′H 유전자를 장미에 넣어보자는 의견이 나와 피튜니아의 유전자를 꺼내는 데까지는 순조로웠다.

하지만 피튜니아의 유전자를 장미에 넣어도 D는 만들어지지 않았다.

뭔가 실수라도 있었을까? 그렇지는 않았다. 카네이션에 넣어봤더니 파란색 카네이션이 만들어졌기 때문이다('문더스트'라는 이름으로 생산되어 판매되고 있다). 하지만 장미에서는 통하지 않았다. 효소에도 '궁합'이라는 게 존재하는 듯하다. 그 원인은 아직 밝혀지지 않았고, 그냥 시도해 보는 수밖에 없었다.

그래서 파란색 꽃을 피우는 다른 식물에서 F3′,5′H 유전자를 취해 장미에 넣어보는 작업을 반복했다. 이것은 아주 시간이 오래 걸리고 번거로운 일이다. 다나카가 그동안 해왔던 세균이나 효모에 유전자를 도입하는 실험은 성공인지 실패인지 금세 답이 나온다. 하지만 꽃은 그렇지 않다.

우선 잎을 잘라 배양한다. 그러면 캘러스라는 복슬복슬한 덩어리가 생긴다. 거기에 원하는 유전자를 도입하고 그중 잘 들어간 것만 선별해 배양하면 캘러스에서 싹이 튼다. 이것을 옮겨 심으면 6개월 뒤에 꽃이 핀다. 꽃이 펴야 성공인지 실패인지 알 수 있다. 꽃이 피기까지 8~9개월 정도 걸리니, 효율이 굉장히 떨어지는 실험이다. 이것을 끈질기게 반복한 결과, 팬지의 F3′,5′H를 넣었더니 장미의 색이 변했다. 연한 파란색으로 바뀌었다. 하지만 파란 장미라고 할 정도로 파랗지는 않았다. D가 만들어졌지만 액포 안에서 분해되어 버렸기 때문이었다. 그래서 보라색 꽃이 피는 토레니아의 효소 5AT 유전자를 넣어 만든 D를 D3G5CG라는 형태로 바꿔 색소가 분해되지 않도록 했다.

또한 식물의 액포는 수소이온을 흡수해 서서히 산성이 된다. 앞에서도 말한 것처럼 안토사이아닌은 염기성과 중성에서는 푸른색을 띠지만, 산성에서는 붉은색을 나타낸다. 그래서 액포의 수소이온 흡수능력이 낮아 산성이 되기 어려운 품종을 어미나무로 택했다. 이렇게 해서 2000년에 파란색 장미가 개발되었다. 지금 시장에 나와 있는 파란 장미 '어플로즈APPLAUSE'가 이것이다. 여기까지 10년이 걸렸다. 하지만 파란 장미를 만드는 기술이 완성되어도 상품으로 판매하려면 유전자재조합 생물의 안전성에 대한 기나긴 심사를 통과해야 한다. '어플로즈'가 꽃가게에 등장한 건 결국 그로부터 8년 뒤인 2008년이었다.

　좀 더 파랗게 만들려면 D를 만드는 것뿐만 아니라 P와 C를 줄이는 게 좋다. 장미의 DFR 유전자를 없애면 가능할 것 같았지만, D도 만들 수 없었다. 이것도 시행착오의 결과인데, 장미의 DFR 효소를 줄이고 붓꽃의 DFR 유전자를 넣으면 좀 더 파란색이 된다.[12] 이번에는 궁합이 잘 맞았다. 하지만 이 '어플로즈'는 아직 시장에 나오지 않았다.

깊이 읽기 3 | 지구상에서 가장 많은 단백질

엽록소가 빛을 흡수해 무엇을 하는지부터 설명해보자.[13] 첫 번째로 빛에너지를 이용해 물을 분해하여, 수소이온을 엽록체 안에 있는 틸라코이드라는 주머니에 모아두고 전자를 빼낸다. 식으로 쓰면 다음과 같다.

$$2 \times H_2O \rightarrow O_2 + 4H^+ + 4e^-$$

이때 폐기물로 나오는 O_2는 우리 목숨을 지탱하는 근원이다. 지구 대기의 25퍼센트를 차지하는 산소의 대부분은 엽록체가 물을 분해하고 버린 것이다. 광합성 식물이 나타나기 전까지 지구 대기에 산소는 극히 일부였다.

엽록체는 고에너지 전자를 돌려서 엽록체 내부의 수소이온을 틸라코이드 안으로 옮긴다. 이어서 엽록소가 한 번 더 활동한다. 빛에너지를 이 전자로 건네는 것이다. 절반 정도 잃은 에너지를 보충한 전자는 페레독신 분자 안에 들어가 $NADP^+$ 분자를 NADPH로 환원한다.

한편, 틸라코이드 안에 축적된 수소이온은 농도가 계속 높아지기 때문에 바깥으로 나가려 한다. 이때 ATP가 만들어진다. 댐에서 높은 곳에서 낮은 곳으로 물을 떨어뜨려 터빈을 돌려 전기를 만드는 것처럼 수소이온이 농도가 높은 곳에서 낮은 곳으로 이동할 때 일을 하게 되는 것이다. 이렇게 해서 엽록체는 NADPH와 ATP를 획득한다.

즉, 햇빛은 전기에너지로 바꿀 수 있고, NADPH와 ATP와 같이 화학에너지로도 바꿀 수 있다. 엽록체는 이들을 이용해 공기 중의 이산화탄소를 당으로 바꾼다. 식으로 쓰면 다음과 같다.

$$C_5H_8O_5(PO_3)_2 + CO_2 + H_2O \rightarrow 2C_3H_5O_4(PO_3)$$

이렇게 공기 중의 기체를 생물이 이용 가능한 화합물로 만드는 것을

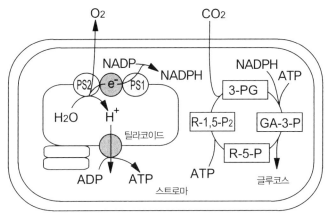

그림 2-9│ 두 겹의 선으로 둘러싸인 사각형이 광합성이 일어나는 엽록체다. 엽록체는 잎의 세포 안에 있기 때문에 엽록체 밖은 잎 세포의 세포질이다. 엽록체 내부에는 스트로마라는 액체가 차 있고, 주머니 모양의 틸라코이드가 있다. 틸라코이드의 막 위에는 엽록소가 있다. 적색광을 받으면 물이 분해되어 산소와 수소이온, 전자가 나온다. 틸라코이드 안쪽에 축적된 수소이온의 농도기울기가 커지면 수소이온이 스트로마로 유출되면서 ATP가 생성된다. 전자는 광화학반응계 II에서 한 번 더 흥분상태가 되어 그 에너지로 NADP가 환원되어 NADHP가 생성된다. 이렇게 생성된 ATP와 NADPH로 캘빈-벤슨 회로가 돌면서 이산화탄소로부터 글루코스가 만들어진다. 네모상자 안에 적힌 것은 물질명이다. R-1,5-P2는 리불로오스-1,5-2인산, 3-PG는 3-포스포글리세린산, GA-3-P는 글리세르알데히드-3-인산, R-5-P는 리불로오스-5-인산이다.

'고정fixation'이라고 한다. 여기에서는 이산화탄소를 고정했다. 질소를 암모니아로 고정하는 것은 콩류의 뿌리에 사는 세균이다.

광합성에서 가장 중요한 탄소를 고정하는 과정을 캘빈회로라고 하는데, 이를 찾아낸 멜빈 캘빈(1911~1997)은 1961년 노벨화학상을 수상했다. 이 반응을 담당하는 효소는 리불로오스-1,5-2인산카복실화효소-산소첨가효소ribulose-1,5-bisphosphate carboxylase/oxygenase인데, 이 효소의 정제에 성공한 샘 와일드맨이 1979년 UCLA를 퇴임할 때, 제자인

데이비드 아이젠버그가 나비스코Nabisco의 크래커, 아마 리츠를 들면서 이 효소를 루비스코RuBisCo라고 불렀다고 말한 적이 있다.[14] 그 이후 '루비스코'라는 이름이 자리를 잡았다.

이 효소는 반응속도가 대단히 느려 1초에 겨우 몇 번 회로를 돌고 만다. 만약 이 효소를 유전자 기술로 개량해 효율을 높이면 식량문제도, 지구온난화를 일으키는 이산화탄소 배출 문제도 해결되겠지만, 아직 아무도 성공하지 못했다. 그래도 식물은 엄청난 양의 광합성을 한다. 이 효소가 효율은 좋지 않지만 양이 어마어마하게 많기 때문이다. 루비스코는 지구상에서 가장 많이 존재하는 단백질이다.

냄새 이야기

SMELL

후각이란 무엇일까요

앞에서 음식의 맛을 결정하는 데는 미각뿐만 아니라 후각의 영향도 크다고 했습니다. 그럼 후각이란 뭘까요? 교과서에서는 '화학물질이 비강의 수용체와 접촉해 발생하는 감각'이라고 정의합니다. 그렇다면 '화학물질이 구강의 수용체와 접촉해 발생하는 감각'이라고 정의한 미각과 센서 위치만 다른 것이네요.' 그럼 왜 굳이 두 종류나 필요할까요? 물고기는 맛은 물론 냄새도 물을 통해 느끼는데, 왜 육상의 동물은 센서를 코와 입으로 나눠 배치했을까요?

저는 맛과 냄새는 자극을 주는 물질의 종류와 센서로 나누지 말고, 생물이 그 정보를 어떻게 사용하는지로 구분하는 게 정답에 가깝다고 생각합니다. 미각은 대상에 가까이 다가가 입에 넣어야만 비로소 얻을 수 있는 정보입니다. 영양이 있는지 없는지, 독은 있는지 없는지, 즉 먹어도 되는지를 판단하는 데 필요한 정보입니다. 다시 말해, 개체의 생존과 유지를 위한 근거리 정보입니다. 그에 반해 후각은 멀리 떨어진 대상에 대한 정보까지도 끌어낼 수 있습니다. 적은 없는지, 짝짓기는 가능한지, 먹이는 많은지 적은지를 비롯해 환경이 생존에 적합한지 아닌지까지, 즉 다가갈지 말지를 판단하는데 필요한 정보입니다. 종의 보존을 위한 원거리 정보인 셈이지요.

냄새의 근원은 다양합니다. 적이나 포식자의 냄새인지 같은 편 혹은 배우자의 냄새인지를 구분해야 합니다. 개체 자신과 종의 생사가 걸린 일이기 때문입니다. 그래서 이렇게 많은 대상을 하나하나 식별하기 위해 다양한 수용체를 준비해야 합니다.

미각의 근원도 물론 다양하지만 지구상 대부분의 동물은 식성이 정해져 있어서, 영양이 많은지 적은지(단맛, 짠맛, 감칠맛), 얼마나 부패했는지(신맛), 독성은 있는지(쓴맛) 정도만 판별할 수 있으면 생존에 아무런 지장이 없습니다. 따라서 기본 맛은 4~5개로도 충분합니다. 그 이상의 숨겨진 맛을 찾아내는 건 사람만의 독특한 '취미'일 뿐입니다.

하지만 냄새의 근원은 다양하기 때문에 수용체의 종류가 많습니다.[2] 기본 냄새가 몇백 몇천 개나 있다고 하면 뭔가 이상하게 느낄지도 모르겠습니다. 기본 혹은 근원이라는 표현에는 몇 가지 요소의 혼합으로 다수 혹은 전체를 표현한다는 의미가 포함되어 있기 때문에, 근원이 몇백 몇천 개나 있다면 이 단어를 써도 되나 싶습니다. 이는 생물학의 문제라기보다는 언어의 문제일 수도 있습니다.

하여튼 갓 구워진 빵은 많은 냄새가 나는데, 푸르푸랄은 푸르푸랄

수용체에서, 2-아세틸-1-메틸피롤리딘은 2-아세틸-1메틸피롤리딘 수용체처럼 각각의 냄새 수용체를 활성화해 뇌에 전달합니다.[*] 그러면 뇌가 '이 조합이면 갓 구운 빵이구나' 하고 판단합니다.

커피의 향을 잡아라

맛보다 향이 좋은 대표적인 식품은 커피입니다. 커피의 향 성분에 대한 연구는 역사가 깊습니다. 분석기술이 발달할수록 새로운 성분이 발견되었습니다. 커피콩에 함유된 성분은 분석하기도 어렵지만, 커피를 볶는 과정에서 성분들이 서로 화학반응을 일으키고, 이것이 반복해 일어나면서 새로운 화합물을 또다시 만들어내기 때문에 더욱 복잡해집니다. 아마 앞으로도 계속 발견될 겁니다.

커피향의 주요 성분은 다음과 같습니다(그림 3-1). 카로티노이드 분해로 생기는 다마세논, 당 가열로 생기는 푸르푸랄 계열 화합물(특히 푸라네올과 아미노산이 화합한 푸르푸리싸이올), 목질 분해로 생기는 구아야콜 계열 화합물(특히 바닐린), 당과 아미노산의 메이야드 반응

---

[*] 냄새 분자는 부위에 따라 서로 다른 입체 구조를 가질 수 있어, 같은 냄새 분자라도 어느 부분은 특정 수용체에, 다른 부분은 또 다른 수용체와 결합할 수 있다. 하나의 냄새 분자가 한 종류의 수용체와 결합하는 것도 아니고, 하나의 수용체가 한 종류의 냄새 분자와만 결합하는 것도 아니다. 이런 후각수용체의 분자생물학을 연구한 리처드 액셀과 린다 벅은 2004년에 노벨생리의학상을 받았다.

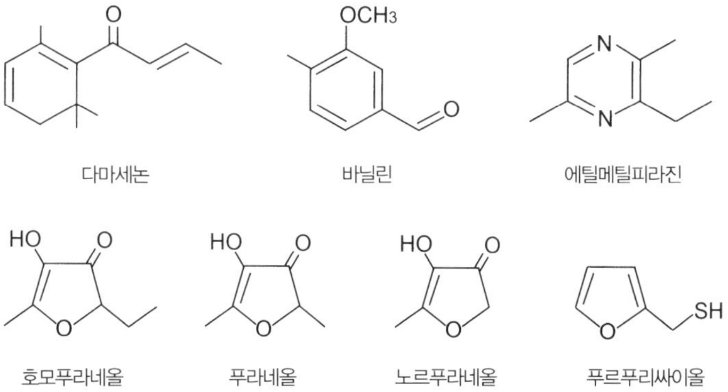

다마세논　　　　　　바닐린　　　　　　에틸메틸피라진

호모푸라네올　　　푸라네올　　　노르푸라네올　　　푸르푸리싸이올

그림 3-1 대표적인 커피의 향 성분

에 의한 피라진 계열 화합물(특히 에틸메틸피라진)이 있습니다.

향 성분은 물에 녹지 않습니다. 녹지 않기 때문에 갓 내린 커피에서는 이 성분이 휘발해 향이 공기 중으로 퍼집니다. 따라서 커피를 말린 후 가루로 만들면 뜨거운 물을 부어도 처음 커피의 향은 복원되지 않습니다. 하지만 인스턴트 커피는 다른 인스턴트 수프류보다 훨씬 섬세한 제품입니다.

1901년, 미국 뉴욕주의 버펄로시에서 열린 전미국박람회에 참가한 일본인 화학자 사토리 가토는 '뜨거운 물에 녹는 커피'라는 제품의 시식회를 열었습니다(그림 3-2). 그리고 이 제품은 1903년에 미국 특허를 받았습니다. 그 특허에 따르면 인스턴트 커피를 만드는 방법은 다음과 같습니다.

그림 3-2 전미국박람회에서 배포된 가토 커피의 선전책자 표지다. 이 여성이 누구인지, 왜 입을 막고 있는지는 알려지지 않았다.

우선 커피콩을 볶아서 간 뒤에 유기용매에 녹여 지용성 성분을 추출합니다. 추출하고 난 커피콩 가루에 뜨거운 물을 부어 다시 수용성 커피 성분을 추출합니다. 이 액체를 감압건조해 얻은 분말에다 앞에서 추출한 지용성 성분을 섞어 작은 알갱이 형태로 굳힙니다. 지용성 물질에 열을 가하지 않은 것이 특색인데, 이 알갱이에 뜨거운 물을 부으면 향이 좋은 커피가 복원됩니다.

가토가 어떤 사람인지는 알려진 바가 없지만, 시카고대학에서 차에 관한 연구를 한 것으로 보아 향에 집착하게 된 어떤 계기가 있었을 겁니다. 가토가 내놓은 인스턴트 커피 제조법은 초콜릿 제조법과 유사합니다.[*] 가토는 아마 초콜릿 제조법에서 힌트를 얻었을지 모릅니다. 하지만 가토의 제조법은 비용이 많이 들기 때문인지 특허를 사줄 사람을 찾지 못했습니다.

그러던 중, 1906년에 미국의 조지 워싱턴(1871~1946)이 갓 내린 커피를 곧바로 감압건조하는 방법을 개발해 미국에서 특허를 땄습니다. 5년 전인 1901년에 가토는 감압건조만으로는 부족하다고 생각해 지용성 성분을 별도로 추출하는 방법을 개발했었습니다. 어떻게 보면 워싱턴의 제조법은 진보가 아닌 퇴보였습니다. 하지만 현재의 인스턴트 커피는 모두 워싱턴의 제조법을 따르고 있습니다.

1930년대에 식품회사 네슬레에서 워싱턴의 제조법을 개량해 감압건조가 아니라, 고열의 탱크 안에 커피액을 분사해 건조하는 방법(스프레이건조법)을 개발했습니다. 빠르게 건조할 수 있어 향이 남아 있을 확률도 높았습니다. 그래도 가토의 입장에서는 여전히 불만이 많았을 겁니다.

하지만 타이밍이 좋았습니다. 1939년 9월, 제2차 세계대전이 일어났습니다. 한동안 중립을 지키던 미국도 이내 전쟁에 돌입했습니다. 전쟁 중이라 병사들은 커피 향이 너무 없는 것 아니냐는 불만도 할 수 없었습니다. 잠시 쉬는 동안 카페인으로 정신을 차릴 수 있다면 그것만으로도 감지덕지했습니다. 이렇게 네슬레의 인스턴트 커피는 미군에 납품되면서 순식간에 전 세계에 퍼졌습니다.[*5]

지금 우리가 먹는 인스턴트 커피는 대부분이 스프레이건조법(가루 상태의 제품)이 아니라 커피액을 우선 얼린 후 압력을 낮춰 물을 승화시켜 건조하는 동결건조법(작은 알갱이 상태의 제품)으로 만들어집니다. 처음에 커피액을 만들 때만 물을 사용하기 때문에, 향의 보존율도 스프레이건조법보다 높습니다. 그래도 가토는 불만일 겁니다. 앞에서 말했듯이 대표적인 커피 향은 이미 잘 알려져 있기 때문에, 날아가 버린 향기를 인공향료로 보충할 수도 있지만, 현재 어느 제조사도 그렇게 하지 않습니다.** 아마도 비용 문제 때문이겠죠.

좀 다른 이야기이지만, 세계 3대 발명으로 나침반, 화약, 인쇄술을 꼽습니다. 여기에 종이를 추가해 4대 발명이라고도 합니다.⁶ 전부 고대 중국에서 발명됐지만, 꽃을 피운 것은 르네상스시대와 그 이후 유럽에서였습니다. 아마도 일본에서 만들어진 3대 발명을 선정한다면 인스턴트 커피는 분명 순위에 들어갈 겁니다. 그리고 건전지(그림 3-3)***와 인스턴트 라면을 들 수 있겠네요.**** 가라오케는 어떨까요?

---

* 오드리 헵번이 주연한 영화 〈티파니에서 아침을〉(1961)에서 오드리가 거의 비어 있는 네스카페 병에 뜨거운 물을 부어 마시는 장면이 있다. 영화의 첫 장면에서도 오드리가 티파니 매장 앞에서 인스턴트 커피를 마신다.

** 캔 커피에는 향료가 들어 있는데, 보통 추출 혹은 합성한 물질을 사용한다.

*** 건전지는 아이 사키조(1864~1927)가 1887년에 발명했다. 1893년 미국 시카고에서 열린 엑스포에 제국대학에서 출품한 지진계에 건전지를 넣었는데, 지진계보다 건전지가 더 주목을 받았다.⁵

**** 조금 더 현대로 올라오면 iPS세포나 청색 LED를 넣을 수도 있다.

그림 3-3 왼쪽부터 4.5V, D형, C형, AA형, AAA형, AAAA형, A23형, 9 볼트 건전지, 그리고 CR2032와 LR44(위)의 동전 모양 둥근 건전지다. 네모난 모양의 9Volt 건전지에는 AA건전지가 6개 들어 있다(왼쪽 사진). 낱개로는 아무 쓸모가 없으니 열지 않는 게 좋다.

개와 코끼리, 누가 냄새를 더 잘 맡을까

경찰견이 발자국을 따라 범인의 뒤를 쫓고 마약탐지견이 세관에서 활약합니다. 개는 후각이 뛰어나다고 합니다. 나중에 설명하겠지만 후세포는 코안(비강)의 후상피에 있는데 개의 경우는 이 후상피의 면적이 굉장히 넓습니다. 그만큼 후세포를 많이 배치할 수 있기 때문에 감도가 높을 수밖에 없습니다. 사람의 후상피 표면적은 6.4제곱센티미터 정도지만, 보통 크기의 다 자란 개는 후상피의 면적이 580제곱센티미터라고 합니다. 후세포 수는 사람이 500만 개, 개는 10억 개가 넘습니다.[*] 이를 근거로 계산해보면, 개는 사람보다 200배 이상 후각이 발달했다고 할 수 있습니다.

하지만 세포가 많다고 변별능력이 그에 비례해 높다고는 할 수 없습니다. 그렇다면 개의 냄새 수용체가 구분하는 화합물이 많은가, 다시 말해 '개는 기본 냄새를 많이 가지고 있는가'라는 질문을 던질 수 있는데, 1990년대 초반까지는 그 답을 구할 수 없었습니다. 그런데 1995년에 인플루엔자 균*의 게놈(유전체)**이 해독되고, 그 이후 더욱 많은 동물과 식물의 게놈이 해독되면서 후각수용체의 비교 연구가 가능해졌습니다.

2001년에 밝혀진 인간 게놈에서는 약 900개의 후각수용체 유전자가 발견되었고, 2005년에 해명된 개의 게놈에서는 그 외에 새로 800개가 발견되었습니다.*** 분명 개의 후각수용체 유전자가 많기는 하지만 그렇다고 월등한 차이는 아니었습니다. 조사 결과, 후각수용체가 구분할 수 있는 화합물이 가장 많은 동물은 코끼리입니다.****

예전에 잠시 미국의 뉴욕시 교외에서 산 적이 있습니다. 어느 날 한밤중에 쇠로 만든 쓰레기통이 뒤집어지는 소리가 들려 뛰쳐나가려 하자 집주인이 스컹크일 거라며 말렸습니다. 스컹크는 미국 대도시에 가장 많이 사는 들짐승 중 하나인데 최근 들어 점점 늘어나고 있다고 합니다.***** 먹이가 부족한 데다, 다른 동물들과의 다툼을 피해 주택가로 내려온다고 합니다. 개가 과감하게 스컹크에게 달려들었다가 스컹크의 방귀 냄새를 맡고 그 뒤로 한동안 개집에서 나오지 않

---

* 인플루엔자 병원체는 바이러스인데, 이렇게 세균(박테리아)이라고 불리는 것은 바이러스가 발견되기 이전부터 그렇게 불려왔기 때문이다. 이제 와서 보면 잘못 붙인 이름이다.

** 게놈이란 그 생물이 지니고 있는 유전자 전체를 말한다. gene(유전자)에 -ome(해당 분야의 연구 대상 전체)을 붙인 것으로, DNA의 전체 배열이라고 해도 좋다.

*** 코가 그렇게 긴 데 당연한 것 아니냐고 하면 오산이다. 코끼리는 윗입술이 길지, 콧구멍은 넓지 않다. 따라서 긴 코 때문에 후각이 예민하다고는 할 수 없다. 그냥 우연일 뿐이다.

**** 언론에도 많이 보도되었는데, 예를 들면 2014년 7월 12일 CBS 뉴스에 나왔다.

앉다는 사례가 한둘이 아니었습니다.

스컹크가 항문에서 내뿜는 분비액의 주성분은 부텐디올과 메틸부탄싸이올로 옷에 묻으면 빨아도 지워지지 않아 버리는 수밖에 없습니다. 개보다 후각이 더 예민한 코끼리가 스컹크를 만나면 어떨지 궁금하지만, 불행인지 다행인지 코끼리는 미국 대도시 근처에는 살지 않습니다.*

와인향은 기억을 부른다

〈와인의 향기〉라는 노래가 있습니다. 와인을 좋아하는 한 여성이 헤어진 사람을 그리워하면서 피아노를 친다는 내용으로, 굉장히 센티멘털한 노래입니다. 향기에는 분명히 추억을 불러일으키는 힘이 있습니다. 왜 그런지 정확히 밝혀지지는 않았지만, 어느 정도 추측은 가능합니다.

척추동물의 중추신경계는 하나의 관에서 출발합니다. 그 관 앞부분의 끝쪽에서 세포가 왕성하게 증식해 세 군데가 부풀어 오릅니다. 이것이 뇌의 기원으로 각각 전뇌, 중뇌, 후뇌라고 합니다. 포유류의 경우는 전뇌가 대뇌가 되고, 후뇌가 소뇌와 연수가 됩니다. 전뇌는 후각, 중뇌는 시각, 후뇌는 진동감각(청각, 속도감각, 가속도감각)의 처리장치입니다.

동물이 똑똑해지면 정보를 모아 한곳에 보관해놓고 현재 상황과

그림 3-4 아니솔(왼쪽)과 아네톨(가운데)은 아니스(회향풀) 향을 낸다. 트리클로로아니솔(오른쪽)은 나무 곰팡이 냄새의 원인물질이다.

과거 경험을 비교해 판단을 내리려고 합니다. 이 기능을 담당하는 곳이 뇌에서 후각을 담당하는 전뇌의 해마입니다.[**] 아마도 후각과 기억은 해마에서 연결되어 있을 거라고 짐작할 수 있습니다.

와인 역시 향이 매력적인 음식 중 하나입니다. 보존 상태가 좋지 않거나 고온다습한 환경에 노출되면 부쇼네bouchonné라고 하는 이상한 냄새가 납니다. 코르크에 붙은 곰팡이에서 생겨난 트리클로로아니솔이라는 물질이 범인입니다(그림 3-4). 만에 하나라도 출시 전에 곰팡이가 생기면 술통을 전부 폐기해야 되기 때문에 제조업체로서는 타격이 큽니다.[12]

미국 TV 드라마 〈형사 콜롬보〉 시리즈에 〈이별의 와인〉이라는 명작이 있습니다. 와인 제조의 장인인 형이 사업 확장에 눈이 먼 동생을

* 새는 후각에 약한지 까마귀나 비둘기는 아무렇지도 않게 스컹크를 공격한다. 주민들은 당황해서 스컹크가 아닌 까마귀에게 화를 냈다.

** 기억이 해마에 남아 있다는 게 아니고, 해마를 통해 기억이 들어오고 나간다는 의미다. 즉, 해마는 컴퓨터의 메모리(RAM)에 해당한다. 컴퓨터의 하드디스크나 외부 저장장치처럼 처리된 데이터를 보존하는 곳은 대뇌피질이다.

와인 저장고에 가둬 산소결핍으로 죽게 한 이야기입니다. 환기 시스템을 며칠 동안 잠갔기 때문에 저장고의 고급 와인은 부쇼네를 일으켰습니다. 이 현상에 주목한 콜롬보는 형을 저녁 식사에 초대해 그 저장고에서 나온 와인을 권했습니다. 그러자 형은 이런 와인을 어떻게 마시느냐며 버럭 화를 냅니다. 콜롬보는 포도주가 상한 이유를 밝히면서 아주 순순히 자백을 받아냅니다.

오사카대학의 생명기능연구과에서는 2013년 트리클로로아니솔이 곰팡이 냄새를 풍길 뿐만 아니라 다른 후세포의 흥분을 억제해 좋은 향도 느끼지 못하게 하는 이중으로 골치 아픈 물질이라는 연구 결과를 발표했습니다. 와인뿐만 아니라 오래되어 맛이 떨어진 음식은 트리클로로아니솔이 발생해 지독한 냄새를 풍기면서 맛을 더욱 떨어뜨리는 듯합니다. 이 점을 잘 이용하면 새로운 탈취제를 만들 수도 있겠네요.

탈취제와 방향제

마트에서 파는 탈취제는 크게 두 가지입니다. 하나는 냄새 물질을 흡착시키는 활성탄이나 고분자 겔(물리적 탈취)이고, 다른 하나는 없애고 싶은 냄새보다 강한 냄새 물질을 뿌려 냄새를 숨기는 것(감각적 탈취)입니다.

물리적 탈취도 최근에는 좀 더 공을 들여 고분자 겔에 양 혹은 음의 전하를 띠는 작용기를 넣어 반대 전하를 가진 냄새 물질을 전기적으로 끌어당기는 종류도 나왔습니다. 전하를 띠지 않는 냄새 물질은 해당 물질의 소수성을 이용해 극성이 없는 작용기를 넣어 끌어당깁니다. 한편 촉매를 넣어 흡착한 분자를 분해하는 제품(화학적 탈취)도 있습니다.

대부분의 방향제나 화장품은 땀이나 분비물의 불쾌한 냄새를 다른 향으로 감추는 감각적 탈취에 해당합니다. 하지만 경우에 따라서는 여러 냄새가 뒤섞여 참기 힘든 악취를 풍기기도 합니다. 아는 사람의 차를 탔는데 차 안에 배기가스 냄새와 라벤더 향이 뒤섞여 있어 당장 내리고 싶었던 적이 있습니다. 이럴 때는 오히려 방향제가 없는 편이 낫습니다.

또한 악취에 노출될 수밖에 없는 직종에 근무하는 사람들, 예를 들어 음식물 쓰레기를 수거하는 사람이나 고래를 연구하는 조사포경선의 승무원(환경보호단체인 '시셰퍼드Sea Shepherd'는 독한 치즈 냄새가 나는 뷰티르산 병을 포경선을 향해 집어 던진다)은 좋은 냄새까지는 바라지도 않으니 눈앞의 악취만 없애주길 바랄 겁니다.

실제로 어떤 향수는 좋은 냄새로 다른 냄새를 숨기는 효과뿐만 아니라 다른 냄새의 반응을 떨어뜨리는 트리클로로아니솔과 비슷한 효

* 트리클로로아니솔의 유도체가 들어 있어, 악취를 센
서 레벨에서 느끼지 못하게 한다.

과가 있기도 합니다. 화학과에서 악취에 대해 연구하느라 독한 냄새를 풍기면 옆에 있는 생물학과에서는 입을 막고 다닙니다. 그러면 수학과에서는 생물학과가 그러면 되느냐고 한 소리 하지요.

노인 냄새의 원인

향을 즐기면서 먹는 음식으로 장어구이와 꽁치 소금구이도 빼놓을수 없지만, 가장 대표적인 음식은 역시 카레입니다. 하지만 아무리카레라도 노인 냄새가 섞여 있다면 안 되겠죠. 노인 냄새의 원인 물질은 2-노네날로 알려져 있습니다(그림 3-5).[14] 하지만 노네날은 오이 같은 채소에서 나는 일종의 풀 냄새로, 노인 냄새와는 약간 다릅니

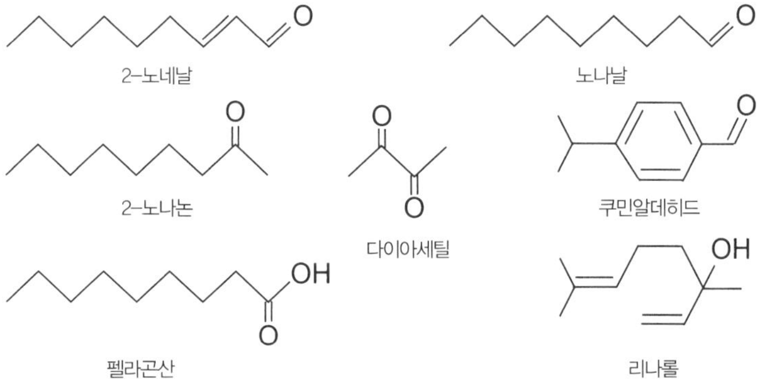

2-노네날

노나날

2-노나논

다이아세틸

쿠민알데히드

펠라곤산

리나롤

그림 3-5 노네날, 노나날, 노나논, 펠라곤산, 다이아세틸은 노인 냄새의 후보물질이다. 모두 생체지질의 분해산물이다. 쿠민알데히드(쿠민 향), 리나롤(고수 향), 노나날(고수 향)은 카레 향의 실체이기도 하다.

다. 우리 몸에는 냄새를 계속 맡으면 나중에는 그 냄새를 느낄 수 없게 되는 순응작용이 있는데, 이상하게도 노네날 냄새에는 민감해집니다. 나도 아저씨이기 때문에 노인 냄새가 날 텐데, 노네날에 적응이 안 되는 것은 노네날이 노인 냄새와 다르기 때문이 아닐까요?

2013년에는 중년 남성의 두피에서 휘발되는 다이아세틸이 중년 남성 특유의 기름진 냄새의 원인 물질이라는 보고가 나왔습니다.[15] 다이아세틸은 젖산균 발효에 의해 생기는 독특한 냄새 물질로 예전부터 잘 알려져 있습니다. 이쪽이 아마도 아저씨 냄새와 더 어울릴 것 같네요. 하여튼 나이는 들었지만 멜 깁슨이나 실베스터 스탤론 같은 배우가 풍기는 그런 냄새입니다. 물론 적응의 문제는 남겠지만요. 또 다이아세틸에는 인화성이 있습니다. 따라서 아저씨가 "요즘 젊은 애들은 …" 하면서 언성을 높일 때는 불 근처에 가지 않는 게 좋습니다. 물론 농담입니다.

사람에게도 페로몬이 있을까요

후각 생물학에서 최근 주목받고 있는 주제 중 하나가 페로몬 수용체

* 전하가 없는 부분

입니다.** 페로몬을 받아들이는 곳은 코 안에 있는, 예전에는 후상피의 일부라고 생각했던 보습코기관***입니다. 이 보습코기관을 잘 살펴보면 후상피의 후신경은 뇌의 후각신경구olfactory bulb로 연결되는 데 반해, 보습코기관의 신경은 부副후각신경구accessory olfactory bulb라는 부분으로 연결되어 다른 경로로 처리됩니다. 즉, 일반적인 냄새와는 인지 경로가 다릅니다.

게다가 일반 냄새에 대한 정보는 대뇌피질에 닿아 '아, 무슨 무슨 냄새다'하고 인식하게 되는데, 부후각신경구의 페로몬 정보는 대뇌피질이 아니라 본능적인 행동의 중추인 시상하부에 직접 닿습니다. 즉, '이것은 무엇 무엇이다'하는 인식 없이, 행동이 앞서게 됩니다.

사람에게 페로몬이 있는지 없는지는 아직까지 논쟁의 대상입니다. 하지만 다른 포유류에 실재하는 이상, 그리고 사람에게도 부후각신경구가 존재하는 이상 페로몬이 있다고 생각하는 게 논리적이기는 합니다. 여하튼 대뇌피질의 지배를 받지 않고 본능적인 행동이 직접 유발되는 건 위험하지 않을까 싶기는 합니다.

사람에게 페로몬이 존재하는지 확인하기 가장 좋은 건 여성의 배란 주기를 맞추는 물질****을 찾으면 될 겁니다. 여성이 내뿜는, 남성

** 체외로 방출되어 같은 종의 다른 개체에 특정 정보를 전달하는 물질을 말한다. 곤충을 대상으로 한 연구가 많이 이루어졌다. 1901년 출간된 앙리 파브르의 《곤충기》 7권에 자벌레나방의 유인에 대한 내용이 적혀 있다. 예를 들어, 누에나방(Bombyxmori)의 암컷은 봄비콜(bombykol)을 분비해 수컷을 유혹하고, 수컷은 더듬이

로 그것을 받아들인다. 암컷은 교미가 끝나면 더 이상 봄비콜을 분비하지 않는다. 독일 화학자 아돌프 부테난트(1903~1995, 1939년 여성호르몬 연구로 노벨화학상 수상)가 1956년 일본산 누에나방 50만 마리에서 봄비콜 6.4mg을 추출했다.

을 유혹하는 페로몬은 아직 발견하지 못했습니다. 앞으로 발견된다고 해도 그리 놀라지는 않겠지만, 설사 찾지 못한다 해도 이미 언어라는 커뮤니케이션 수단을 획득한 인간인데 물질을 이용한 커뮤니케이션 수단을 그 옛날에 상실했다고 해서 그리 놀랄 일은 아닐 겁니다.

●●● 코의 양쪽을 구분하는 격막에 있는 보습(쟁기 등의 농기구에 끼우는 쇠) 모양의 기관으로, 1813년 이 기관을 발견한 루트비히 제이콥슨의 이름을 따 '제이콥슨 기관'이라고도 불린다.

●●●● 예전부터 수도원의 수녀들 사이에 생리주기가 옮는 경향이 있었다. 그 증후군의 원인 물질은 pregna-4,20-diene-3,6-dione(PDD)으로, 겨드랑이에서 분비된다고 한다.[18]

후각 생물학은 최근 눈부신 발전을 하고 있다. 이를테면, 아세트산 헥실(이 물질을 A라고 하자)이라는 냄새 물질을 검출하는 세포와 뷰티르산 펜틸(이 물질을 B라고 하자)을 검출하는 세포(즉, A 수용체를 가진 후세포와 B 수용체를 가진 후세포)는 후상피 여기저기에 흩어져 있지만, 이들은 각각 후각신경구 안쪽 특정 위치의 사구체에 집중적으로 정보를 보낸다(그림 3-6).

사구체에서 정보를 받은 신경세포는 그것을 대뇌의 이상엽梨狀葉으로 보낸다. 그럼 대뇌는 '사구체 A와 사구체 B에서 활동 보고가 왔다. 배즙 냄새다. 배가 근처에 있다'라는 식으로 판단을 내린다. 다시 말하면, 후각신경구에는 냄새가 지도처럼 표현되고, 대뇌는 그 패턴으로 냄새를

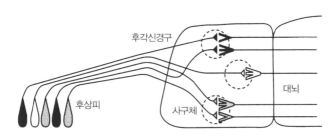

그림 3-6 후각을 감지해 뇌에 전달하는 경로. 후상피에서는 각 종류의 냄새 수용체를 가진 후세포가 각기 흩어져 존재하지만, 후각신경구에서는 같은 종류끼리 모여 후세포의 축삭 말단과 방상세포(V로 표시된 부분)의 돌기와 승모세포(W로 표시된 부분)의 돌기가 얽혀 있는 사구체를 형성한다. 방상세포는 빠른 정보를, 승모세포는 늦지만 정밀도가 높은 정보를 대뇌의 이상엽에 보낸다.

인식하는 것이다. 따라서 사구체의 수가 기본 냄새의 수가 된다. 다만, 하나의 냄새 물질이 하나의 수용체와만 결합한다거나 하나의 사구체만 활동시키는 건 아니다. 물론 아세트산 헥실의 특정 구조가 A 수용체와 결합해 사구체 A를 활동시키고, 다른 부분의 구조가 H 수용체와 결합해 사구체 H를 활동시키는 경우는 있다.

신경세포의 대부분은 태어나고 얼마 후에 증식을 멈추고(이후 평생 분열과 증식을 하지 않는다) 한 번 죽으면 다시 생겨나지 않는다. 하지만 후세포는 예외적으로 평생 증식하고 보충된다. 하지만 새로 생겨난 후세포가 자신이 정보를 보내야 하는 사구체를 어떻게 정확히 찾아내는지 그 기작은 아직 밝혀지지 않았다. 수용체의 분자 자체가 찾아낼 목표물일 가능성은 있지만 어디까지나 추측일 뿐이다.

덧붙여 포유동물의 뇌 안에서 후세포 이외에 증식 능력을 유지하는 예외적인 신경세포(신경줄기세포)는 해마치상회hippocampal dentate gyrus와 뇌실하대에서 발견된다.

해마는 기억이 드나드는 입구이기 때문에, '드디어 해냈다! 뇌의 기억은 끝이 없다. 이 증식을 제어할 방법을 찾으면 치매를 극복할 수 있다'라고 기뻐했다. 사실 그 방법은 이미 발견되었는데, 바로 '운동'이다. 그런데 사정이 좀 복잡하다.

유아기는 별도로 하더라도, 성숙한 해마 신경의 세포수는 일정하기 때문에 새롭게 생성된 만큼 오래된 것이 죽든지, 새롭게 생겨도 회로에 편입되지 않든지 둘 중 하나가 되어야 한다. 그렇다면 아무 도움도 되지 않는 게 아닐까? 또한 해마 신경세포의 증식을 인공적으로 저지하면 기억을 못하는 게 아니라 망각을 못 한다는 보고도 있다. 아직은 풀어야 할 수수께끼가 많다.

뇌실하대에서 만들어진 세포는 국소적인 억제성 신경세포로 정보의 흐름을 정해놓고 멀리까지 전달하는 신경세포가 아니다. 그럼 도대체 무엇을 위해 증식능력을 유지하고 있는지, 그 이유는 아직 밝혀지지 않았다.

장과 신경, 어느 쪽이 먼저 생겼을까

한 개의 세포로 이루어진 수정란이 2개, 4개, 8개로 나뉘다가 이윽고 부모와 같은 몸을 만드는 과정을 '발생'이라 하고, 그 구조를 연구하는 학문을 '발생학'이라고 한다. 아직 물리학의 원리로는 전체를 설명할 수 없는 생물 특유의 과정으로, 많은 생물학자를 끌어들인 학문 분야다. 무엇보다 에너지 면에서 가장 안정된 형태인 구형의 수정란이 무슨 이유에서인지 반으로 나뉘어 2개가 되어 버린다. 이 때문에 물리학자를 당황케 하고 싶은 생물학자는 물론이거니와, 모든 현상을 물리법칙으로 설명하려는 물리학자에게도 '생물의 발생'은 매력적인 주제다. 물론 이 우주에서 물리법칙에 어긋나는 현상이 있을 수는 없다.

여하튼 수정란은 분열을 계속하면서 안쪽에 빈 공간을 만들어 고무

공과 같은 형태가 된다(그림 3-7, A). 이 단계를 '포배胞胚'라고 한다. 이어서 고무공의 한쪽 끝이 움푹 꺼지면서, 마치 공을 엄지손가락으로 누른 것처럼 밥그릇 모양이 된다(B). 이 단계를 '낭배囊胚'라 한다. 움푹 꺼지는 곳이 원구原口, 움푹 꺼져 생긴 공간이 원장原腸이다. 극피동물(성게, 불가사리 등), 척삭동물(멍게와 같은 해초강海草綱의 동물), 척추동물(어류, 뱀, 사람 등)은 원구를 항문으로 사용하고, 원구의 반대쪽으로 관통한 곳을 입으로 사용한다.

장이 생긴 뒤 이상한 일이 일어난다. 등의 중앙선이 안쪽으로 들어가면서 관을 만든다(C~E). 이 관을 신경관이라 하고, 중추신경계의 기원이 된다. 등 쪽에 신경관, 배 쪽에 장관이 위치해 이를 각각 척수와 창자라고 한다.

그에 반해 원구를 입으로 사용하는 동물도 있다. 환형동물(지렁이, 거머리 등), 절족동물(곤충, 새우 등), 연체동물(조개, 오징어 등)로, 몸의 뒷부분을 한 세트씩 복제하면서 뒤로 늘려나간다(C'~F'). 이 각 세트를 '체절'이라고 한다.

신경계는 체절마다 배 쪽 표피세포의 일부가 떨어져 좌우 한 쌍의 세포 덩어리인 신경절(신경마디)을 만든다. 신경마디 양옆으로 돌기를 드러내고 서로 접속해 사다리 상태가 된다. 그 결과 배 쪽에 신경, 등 쪽에 장관이 위치한다. 새우튀김을 할 때 겉모양을 좋게 하려고 새우 등에 있는 검은 실 같은 것을 뽑아내는데, 그게 바로 새우의 내장이다. 새우가 말을 한다면, 어류나 인간을 보고 "이상한 놈들이다. 우리와 앞뒤, 위아래가 전부 반대네" 하면서 이상하게 여길 것이다.

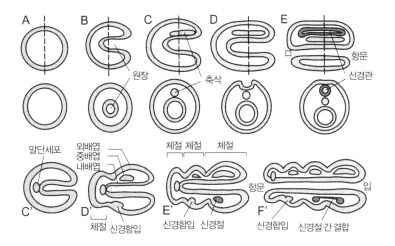

그림 3-7 동물의 발생

수정란은 분열을 거듭해 공 모양이 되고(A), 이어서 공의 한쪽이 쑥 들어가 두 겹으로 된 주머니 모양이 된다(B). 척추동물은 장관 뒤쪽에 척삭이 분리되고(C), 척삭은 뒤쪽 외배엽을 안쪽으로 끌어들여 관을 만든다(D, E: 제1차 신경 함입). 환형동물은 A, B까지는 같다. 원장 끝 부분에 말단세포가 나타나고(C'), 체절을 뒤로 늘려나갈 때마다 마지막에 있는 세포가 중배엽(근육이나 신장)을 만든다. 원장 뒤쪽에 세포가 함입해 신경절이 된다(D', E'). 신경절세포는 양옆으로 돌기를 늘려 연결하고 사다리 모양의 신경계가 만들어 진다(F').

두 방식 모두 원장의 세포는 난황의 표면을 뒤덮는 형태로 넓어진다. 즉, 난황은 처음부터 배(발달중인 동물의 몸)의 장 안에 있다. 난백은 쿠션 역할과 건조방지 그리고 밖에서 들어오는 세균을 녹이는 역할을 할 뿐, 몸 만들기와는 관계없다.

중추신경과 말초신경

앞에서 척추동물의 신경계가 배의 등 쪽 표피가 떨어지면서(함입) 만들어졌다고 했다. 신경관의 앞부분은 열심히 세포를 늘려 세 곳을 부풀린다(그림 3-8, F). 이것이 뇌의 기원이며 앞에서부터 전뇌, 중뇌, 후뇌라고 한다. 앞부분을 부풀린 이유는 새로운 정보가 몸의 진행 방향 앞부분부터 들어가기 때문에, 정보를 처리하는 세포가 몸의 앞쪽에 먼저 필요하게 되기 때문이다. 전뇌는 화학물질 정보, 중뇌는 빛 정보, 후뇌는 진동 정보를 담당한다.

어류는 몸에 주위 물의 흐름과 함께 자신이 헤엄치는 속도와 자세를 파악하는 측선이라는 진동센서가 있고, 이 정보를 후뇌에서 처리한다. 육상 동물은 이 진동센서가 속귀(청각, 속도와 가속도감각, 자세감각) 한 곳에 모여 있다.

중뇌는 상하좌우로 뻗어나가 표피와 다시 만나는 곳에 특별한 구조를 만든다(G). 이때 좌우로 나온 것이 눈이다. 피부 쪽이 각막과 렌즈를 제공하고, 뇌 쪽은 망막이 된다. 위로 나온 것은 상생체上生體로 동물에 따라서는, 예를 들어 뱀의 경우에는 렌즈까지 갖춘 제3의 눈인 두정안頭頂眼이 된다. 포유류는 눈까지는 아니지만 빛 센서로 기능하는 경우가 있고 계절을 느끼는 데도 사용한다. 아래로 나온 것은 뇌하수체가 된다. 눈은 뇌의 창문 역할을 한다. 30세 이상이면 정기검진할 때 망막 사진을

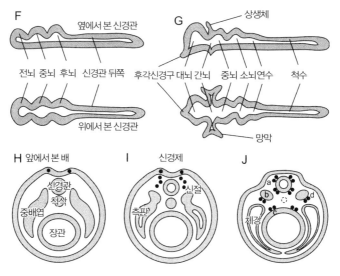

척추동물의 신경계 발생

그림 3-7의 E 상태에서 이어진다. 신경관은 앞부분에 3개의 팽대부를 만들고 뇌가 된다(F). 뇌의 뒤쪽은 척수다. 뇌는 더 변형해 망막 등을 만든다(G). 신경관에서 유래한 조직을 중추신경계라고 한다. 신경관에서는 뒤쪽 외배엽(신경제)부터 세포가 빠져 나온다(제2차 신경함입, H, I). 빠져 나온 세포는 a~d의 덩어리(신경절)를 만든다. a는 체성감각(촉각)신경, b는 교감신경, c는 부교감신경, d는 부신수질이 된다(J). 신경제(神經堤, neural crest)에서 유래한 조직을 말초신경계라고 한다.

찍는데, 이를 안저眼底검사라고 한다. 망막의 혈관에 이상이 있으면 뇌 혈관에도 이상이 있을 가능성이 높다고 미루어 짐작한다. 즉, 일종의 뇌 검사인 셈이다.

동물이 진화하면 화학 감각, 빛 감각, 진동 감각을 각각 따로 처리하면 효율적이기 않기 때문에 센서에서 수집한 정보에 대한 판단을 통합 처리하여 행동으로 옮기려 한다. 포유류는 그것이 전뇌에 있다. 그 결과 전뇌가 점점 커져 중뇌를 뒤덮을 정도까지 되었다. 그래서 전뇌라고 부르지 않고 이름을 대뇌라고 바꾸었다. 상대적으로 작아진 후뇌는 소뇌라고 부른다. 뇌가 되지 않은 신경관의 뒷부분은 척수라고 부른다. 양서류와 파충류 중 일부는 중뇌를 감각의 통합에 사용해 중뇌의 크기가 커져 대뇌가 되는 경우도 있다. 하지만 이렇게 복잡하게 변형되어도 원래 하나로 연결된 관이었다는 사실만은 변함이 없다. 그래서 뇌에 종양이 생길 가능성이 있다면 척수관에서 척수액을 뽑아 종양세포 여부를 조사한다.

또한 뇌에 강한 충격이 가해져 뇌가 흔들리면, 관의 압력은 파스칼의 원리에 따라 어디서든 같아야 하기 때문에, 다친 곳이 아니라 가장 얇은 곳이 영향을 받게 된다. 그래서 머리를 다치면 체온이나 혈압이 이상 징후를 나타낸다.

신경관은 등의 표피에 작용해 두 번째 함입을 일으킨다(H~J). 하지만 두 번째로 떨어진 세포는 신경관에 더해지지 않고 전신으로 뻗어나가 활동한다. 이것이 말초신경계다. 체성감각(촉각, 온각, 냉각, 압각, 통증감각) 신경 a와 자율신경(교감신경 b와 부교감신경 c) 그리고 부신수질 d가 여기에 포함된다. 다만 운동신경(손발의 근육을 움직인다)은 척수에 있는 신경세포가 돌기(축삭이라고 한다)를 말초까지 늘린 것이기 때문에 뇌와 동격인 중추신경계의 일원이다.

온도 이야기

TEMPERATURE

온도는 어떻게 느낄까요

요리의 맛을 좌우하는 요소 중 온도는 매우 중요합니다. 가정에서 요리할 때 수프 접시를 미리 데우거나 샐러드 접시를 앞서 차갑게 하지는 않지만, 그 간단한 수고만으로도 요리를 한 단계 업그레이드할 수 있습니다.

　햄버거에도 적당한 온도가 있습니다. 예전에 열전소자가 붙은 디지털 온도계를 햄버거 가게에 갖고가 주문한 햄버거의 고기 패티 온도를 재본 적이 있습니다. 우선 서빙 받은 직후의 패티 온도와 3분 뒤 패티 온도를 재보았습니다. 서빙 받기 1분 전에 조리 담당자가 빵 사이에 패티를 끼워 넣었을 거라 가정하고, 구웠을 때의 패티 온도를 추정해봤습니다. 그 결과 한 곳을 제외하고° 모든 가게에서 패티의 온도는 70도였습니다. 이는 모든 업체가 매뉴얼에 따른 표준화된 요리법을 갖고 있기 때문일는지도 모릅니다.

그럼 동물은 온도를 어떻게 감지할까요? 이는 감각생리학의 오랜 수수께끼였습니다. 척추동물의 경우 빛은 눈에 있는 망막의 막대세포에 있는 감광색소분자인 로돕신이 빛을 받아 구조가 변하면서 인식을 하게 됩니다. 이는 1950년대에 이미 밝혀졌습니다. 냄새는 코의 천장에 있는 후세포에 후각센서분자가 있는데, 이것이 냄새 물질과 결합해 구조를 바꾸는 것으로 인식하게 됩니다. 관련 연구는 지금도 계속되고 있지만 시각과 후각의 기본 원리는 이미 1970년대에 완성되었습니다.

하지만 소위 피부감각, 즉 온각, 냉각, 촉각, 압각, 통증감각**은 센서분자의 유무조차 아직 밝혀지지 않았습니다. '세포막이 압력을 받아 찌그러지면 막에 작은 구멍이 뚫려 이온이 누출될 것이다' 혹은 '온도에 따라 민감하게 팽창하거나 수축하는 피하구조에 신경말단이 부착돼 있기 때문에 신경이 간접적으로 변형되며 흥분하는 것이 온도 감지일 것이다'라는 식으로 추측만 하고 있습니다.

그러다 드디어 1997년, 고추에서 매운맛을 내는 캡사이신과 결합하는 TRPV1이라는 단백질이 피부의 신경말단에 있으며 이것이 고온 센서의 실체임이 밝혀졌습니다.* 즉, 고추를 먹으면 입안이 타는 듯

---

* '프레쉬니스버거(Freshness Burger)'만 90도로 추정된다.

** 온도나 접촉 여부는 피부뿐만 아니라 장이나 내장에서도 감지하기 때문에 생리학자들은 이를 피부감각이라 하지 않고 체성감각(somesthesis)이라고 한다.

*** 영어로는 뜨거울 때도 'hot', 매울 때도 'hot'이라고 한다. 서양에서는 같은 수용체를 사용하는 걸 이미 알고 있었던 걸까?

한 느낌이 드는데, 그것이 바로 고온센서를 가동시켰기 때문이라는 겁니다.***

하나를 발견하고 나면 그 다음부터는 속도가 빨라집니다. TRPV1의 자매분자가 계속 발견됐습니다.**** 민트류의 일종인 박하를 먹으면 차가운 느낌이 드는 것도 같은 원리입니다. TRPM8이 바로 저온센서로, 이 분자가 민트류의 청량 성분인 멘톨에 의해 활성화되었기 때문입니다.²

또한 파나 양파를 생으로 먹으면 속이 뜨거운 것도 같고 차가운 것도 같은 이상한 기분이 드는 건 단지 저만은 아닐 겁니다. 이는 파에 들어 있는 알리신을 비롯한 황 함유 저분자 유기물질이 온각센서인 TRPV1과 냉각센서인 TRPA1을 둘 다 활성화하기 때문입니다.******

빨리 식으면 맛이 없어요

뜨거울 때 맛있는 식품은 되도록 따뜻하게 오래 보존하고 싶지요. 어떤 방법이 있을까요? 우선 열의 대류를 막는 방법이 있습니다. 간단

**** TRP의 자매분자는 포유동물에서 C, V, M, P, ML, A의 6그룹을 확인했고, 각 그룹에는 여러 분자들이 포함되어 있다. 이들 물질에는 온도 감지가 아니라 기계적인 잡아당김이나 압력에 반응하는 물질(TRPV4)도 들어있다.

****** 정확히 말하면 파에 알리신이 들어 있는 것이 아니고, 파나 마늘을 자르거나 빻을 때 세포가 파괴되면서 액포에 들어 있던 알린이 세포질에 있던 알리네이스(allinase)라는 효소에 의해 알리신으로 바뀌는 것이다. 알리신과 그 유도체는 파에서 나는 자극적인 냄새의 원인이기도 하다.

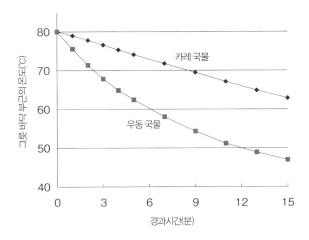

그림 4-1 각각의 도기에 약 90도의 카레우동 국물과 스우동 국물 250㎖를 넣고 바닥에서 3cm 위 지점에서 국물 온도를 재보았다. 국물 온도가 80도가 되었을 때부터 온도가 떨어지는 과정을 측정했다.

하게 말해, 요리를 걸쭉하게 만드는 것입니다. 그림 4-1은 걸쭉하지 않은 스우동素うどん•과 걸쭉한 우동의 대표격인 카레우동이 식는 과정을 비교한 것입니다. 우동이 완성되고 7분 뒤, 국물의 온도는 카레우동이 스우동보다 1도나 더 높았습니다.••

이쯤에서 중학교 과학시간에 배운 것을 한번 복습해봅시다. 열의 이동에는 3가지 방식이 있습니다. 복사, 전도, 대류입니다. 당연히 이 세가지가 일어나지 않도록 하면 보온을 할 수 있습니다.

복사란 열원에서 나오는 전자기파가 퍼지는 것으로, 전자기파를 받은 물체의 분자들이 에너지를 흡수해 진동하면서 물체를 덥힙니다. 그래서 복사를 막으려면 열원을 반사판으로 덮으면 됩니다. 즉,

뚜껑을 덮는 거죠. 소바가게에 소바를 배달시키면 그릇에 뚜껑을 덮어 가져옵니다. 국물을 흘리지 않기 위해서이기도 하지만, 복사에 의한 열손실도 막아줍니다. 뚜껑의 소재로는 반사율이 높은 것이 좋습니다. 따라서 랩보다는 흰색의 도기 뚜껑이 좋습니다. 또 한 가지 방법은 열 복사가 일어나는 표면적을 줄이는 겁니다. 같은 크기라면 얇고 넓은 접시보다 깊고 좁은 대접이 보온에 좋습니다.

열의 전도를 막으려면 열전도율이 낮은 식기에 음식을 담는 게 효과적입니다. 그런 면에서는 금속 그릇보다 도기나 목기가 좋습니다. 도기로 된 밥그릇과 목기로 된 국그릇의 조합이 적절합니다. 그릇을 여러 겹으로 만들어 그 사이에 공기층을 두면 더 좋습니다. 공기의 열전도율이 굉장히 낮기 때문입니다. 그림 4-2에서 컵밥 용기의 단면을 보면 바닥에 커다란 공기실이 있습니다. 바로 이 공기층이 열이 용기 바닥을 통해 테이블로 빠져나가는 것을 막아줍니다.

이걸 반대로 적용해보면, 외부에 있는 열원에서 용기 내부로 열을 전달할 때는 도기보다 금속 그릇이 유리합니다. 그래서 조리용 냄비는 대부분 금속으로 만듭니다. "뚝배기도 있지 않습니까?"하고 반론하는 사람도 있겠죠? 뚝배기는 금속용기가 없던 옛날에는 사용했지

● 건더기나 고명 없이 면에 뜨거운 국물을 부어 먹는 우동.

●● 열의 대류는, 뜨거운 것은 가볍고 차가운 것은 무겁기 때문에 용기를 열어두면 표면에서 식은 액체가 아직 뜨거운 액체 내부, 즉 아래로 가라앉고 내부의 액체가 위로 올라오면서 일어난다. 이렇게 액체의 온도가 아래 위로 서로 같아지면서 식는 속도가 빨라진다. 여기서 중요한 것은 중력이 필요하다는 점이다. 무중력 상태인 우주선에서는 대류가 일어나지 않기 때문에 스우동과 카레우동을 식히는 방법이 같다. 우주왕복선 안에서 컵라면을 먹는 광고가 있었는데, 국수가 잘 식지 않아 우주비행사가 화상을 입지나 않았는지 모르겠다.

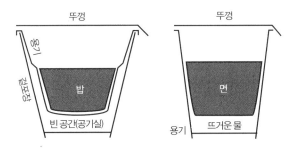

뚜껑　　용기　　겉포장　　밥　　빈 공간(공기실)

뚜껑　　면　　용기　　뜨거운 물

그림 4-2 컵밥 용기(왼쪽)는 2중 바닥으로 되어 있어, 종이로 된 겉포장과 플라스틱 용기 사이에 공기실이 있다. 컵라면 용기(오른쪽)에도 면 아래에 빈 공간이 있지만, 이는 뜨거운 물을 아래에서 돌리기 위한 것이다.

만 요즘에는 음식을 조리하는 도구보다는 주로 뜨겁게 가열한 용기를 천천히 식게 해 열을 오래 간직하는 용도로 많이 사용합니다. 집에서 혼자 생활하는 여러분들, 라면이나 우동을 먹을 때 귀찮다고 냄비 그대로 먹는 사람이 많은데, 그릇에 옮겨 먹으면 금방 식지 않아 훨씬 맛있게 먹을 수 있습니다.

그림 4-3 집에서 반숙한 스카치에그를 만들었다. 오른쪽은 사우어크라우트.

좀 다른 얘기인데, 스카치에그**의 달걀을 반숙으로 하려면 어떻게 하면 될까요? 반숙한 스카치에그를 만드는 법은 간단합니다. 달걀을 5분 정도만 삶아 껍질을 벗기고 냉장고에서 식힙니다. 노른자까지 완전히 차가워졌다 싶으면, 다진 고기로 달걀을 감싼 뒤, 센불에서 잠깐만 튀겨 냅니다. 노른 자까지 열이 전해지지 않도록 짧은 시간에 고기만 익히는 거죠(그림 4-3). 열 전달의 원리를 이용하는 겁니다.

증발열을 잊으면 안 된다

중요한 이야기를 놓치면 안 되죠. 열의 전달을 애기하기 전에, 국물 은 왜 표면에서 식을까요? 여러 가지 이유가 있는데, 그중 하나는 국 물과 공기의 온도차에 비례하여 국물에서 공기로 열이 전도되기 때 문입니다.*** 하지만 보다 직접적인 이유는 국물이 수증기로 증발할 때 국물에서 대량의 증발열을 빼앗기 때문입니다. 따라서 물의 증발 을 막거나 늦춘다면 온도를 최대한 오래 유지할 수 있습니다.

　어떤 방법이 있을까요? 우선 뚜껑을 덮으면 됩니다. 실제로 뚜껑 을 덮으면 열전도나 열복사를 억제하는 효과보다 요리 위에 포화수 증기층을 만들어 물의 증발이 더 이상 일어나지 않게 하는 효과가 큽 니다.

---

* 복사(輻射)에는 중심에서 바깥으로 점점 퍼진다는 느 낌이 있다. 복사 중심에서 멀어질수록 복사량이 떨어진 다는 특성도 잘 표현되고 있다. 배출한다는 느낌이 강한 방사(放射)보다는 어울리는 말이라고 생각하지만 그래 도 좀 더 적합한 다른 말이 있지 않을까 싶다.

** 삶은 달걀을 다진 고기로 싸고 그 위에 빵가루를 입

혀 기름에 튀긴 요리.

*** 이에 따라 미분방정식을 세우면 온도는 지수함수 로 떨어진다. 실제로 그림 4-1에서 스우동의 냉각곡선은 분명 지수함수적이다. 하지만 카레우동의 냉각곡선이 직 선인 이유는 분명치 않다.

소바나 우동에 유부나 튀김 혹은 튀김 부스러기를 많이 넣는 것은 영양을 보충하는 면도 있지만 기름막으로 국물 표면을 덮어 물의 증발을 막아주는 효과를 기대한 것이기도 합니다. 산채우동이나 계란 우동은 튀김우동이나 유부우동보다 확실히 빨리 식습니다.

반대로 식으면 더 맛있는 음식은 어떻게 할까요? 맥주는 고대 이집트에도 이미 존재했습니다. 기원전 2500년쯤 고대이집트 제4왕조의 쿠푸 왕이 나일강 부근에 커다란 피라미드를 지을 때 노동자들은 하루 종일 중노동을 한 뒤 맥주로 목을 축였다고 합니다.[5]

하지만 나일강에 맥주를 담가둔다고 맥주가 차가워졌을까요? 나일강 물은 미지근합니다. 미지근한 맥주는 맛이 없어요.* 정답은 앞에서와 같이 증발열의 원리를 응용했는데, 초벌구이 옹기를 사용합니다. 옹기에 물을 넣으면 물이 표면으로 스며 나와 천천히 증발하면서 옹기의 온도를 낮추고 옹기 안의 물도 식혀줍니다. 그 옹기 안에 맥주를 넣습니다. 실제 그런 그림이 남아 있다고 합니다.[5] 부채질로 옹기 표면에 바람을 일으켜 포화수증기층을 날려버리면 보다 효과적입니다. 이 냉각법은 현대에도 사용됩니다.**

---

* 12세기 이전의 맥주는 홉이 아닌 허브나 생강으로 액센트를 주었다. 따라서 쓴맛이 없었다.* 진저에일은 그 후신이다.

** 대학원 다닐 때 연구실이 옥상 바로 아래층인 4층에 있었다. 1학년 여름에는 한 시간마다 옥상에 올라가 물을 뿌리는 게 주된 임무였다.

튀김 부스러기 화재는 무섭다

튀김 부스러기에서 불이 나는 경우가 종종 있습니다. 즉석튀김을 파는 포장마차에 갈 때 요리사의 발 밑을 한 번 보세요. 튀김 부스러기를 버리는 용기가 발 밑에 쭉 늘어서 있고 물그릇이 하나 있을 겁니다. 요리사는 튀김을 튀기면서 한 번씩 튀김 부스러기에 물을 뿌립니다. 왜 그러는 걸까요?

튀김 부스러기는 별것 아닌 것 같아도 굉장히 위험합니다. 왜냐하면 고온의 기름이 아주 많은 공기 거품을 포함한 상태이기 때문입니다. 그러면 기름은 산화가 진행됩니다. 기름의 산화는 발열반응입니다. 따라서 이 반응은 가속도가 붙어 점점 빠르게 진행되고, 만약 한계를 넘게 되면 불이 붙습니다. 물론 기름은 가연성 물질입니다. 이런 사고를 튀김 부스러기 화재라고 합니다. 실제로 매년 몇 건씩 발생하고, 운이 나쁘면 튀김가게뿐만 아니라 상가 전체를 태우기도 합니다. •••

따라서 요리사는 버린 튀김 부스러기를 식히는 일을 게을리해서는 안 됩니다. 게다가 튀김 부스러기는 물에 뜨기 때문에 받아놓은 물 위에 버리는 것만으로는 온도를 떨어뜨릴 수 없습니다. 이처럼 반응의

••• 일본 후쿠이겐(県)의 레이호쿠초 소방조합 홈페이지에 따르면, 2002년 한 해 동안 일본 전역에서 25건의 튀김 부스러기 화재가 발생했다고 한다.

결과가 그 반응을 보다 촉진하는 현상을 자기재생적 혹은 자기강화적self-accelerating이라고 합니다. 생태계에서는 이것을 교묘하게 이용하는 예를 많이 볼 수 있습니다. 생물현상뿐 아니라 자연계에는 자기강화적 반응이 꽤 많습니다.*

적혈구에서 산소 운반을 담당하는 단백질인 헤모글로빈이 산소와 결합하는 반응도 그중 하나입니다. 헤모글로빈은 하나의 분자가 아니라 4개의 분자가 모인 4합체tetramer입니다. 혈액은 산소 농도가 높은 곳, 예를 들어 폐의 모세혈관이나 아가미의 모세혈관으로 가면 우선 4개의 분자 중 1개가 먼저 산소와 결합합니다. 그러면 구조가 바뀌면서 이웃한 헤모글로빈 분자에도 영향을 미쳐 산소와 결합하기 쉬운 형태로 구조가 변화합니다. 그러면서 곧 4개의 분자 모두 산소와 결합합니다.

적혈구가 산소 농도가 낮은 곳, 예를 들어 방금 운동을 한 근육의 모세혈관으로 가면 헤모글로빈 4분자 중 1분자에서 산소가 떨어지고 그러면 나머지 3개의 분자 모두 바로 산소를 방출합니다. 이렇게 혈액은 산소를 운반하면서 혈관에서 산소와 조금씩 결합하거나 혹은 일부만 떼내지 않고, 결합하는 곳에서는 일제히 결합하고 떼어내

---

* 폭발을 예로 들 수 있다. 화약의 산화반응은 발열반응으로 온도 상승이 산화를 촉진하기 때문에 반응이 급격히 진행되다가 결국 폭발한다. 원자핵반응도 마찬가지다. 우라늄의 원자핵이 분열하면서 튀어나온 중성자가 주위에 있는 우라늄 원자핵의 핵분열을 촉진하기 때문에 원자폭탄이 터지게 된다. 원자로에서는 폭발시키지 않고 제어가 가능하지만, 만약 제어에 실패하면 반경 20km 이내의 주민은 피신해야 한다.

는 곳에서는 일제히 떼어냅니다. 신경의 흥분도 이런 자기강화적 반응의 전형적인 예입니다.

동물과 식물은 물론이고 박테리아를 비롯한 모든 살아 있는 생물의 세포에서 포타슘(칼륨) 이온(K^+)의 농도는 세포 안쪽이 세포 바깥쪽보다 높습니다. 반대로 소듐 이온(Na^+)과 칼슘 이온(Ca^{2+})의 농도는 세포 바깥쪽이 안쪽보다 높습니다.[6] 이런 농도차를 유지하기 위해 생명체가 사용하는 에너지는 막대합니다.[**]

모든 생명체는 왜 이런 농도차를 유지할까요? '세포 바깥의 영양성분을 세포 안쪽으로 들여오기 위해서'라는 등 여러 이유가 있지만, 그중 하나가 신경활동입니다.

예를 들어봅시다. 용기의 안쪽과 바깥쪽에 이온들이 서로 다른 농도로 있는데, 그 용기는 특정 이온만 통과시키는 성질이 있다고 합시다. 그럼 용기 안팎에 전압이 생깁니다. 예를 들어, 초벌구이만 한 도

[**] 보통 학교 체육 시간에 기초대사량에 대해 배운다. 기초대사량은 잠을 자거나 가만히 있기만 해도 살아 있다면 반드시 소비하는 에너지를 말하는데, 성인의 경우 대체로 하루에 1500~1600kcal 정도 된다.[7] 마라톤

42.195km를 다 뛸 때 직접 사용되는 에너지가 이 정도이기 때문에 상당한 양이다. 이 에너지는 거의 대부분이 체온 유지와 세포 안과 밖의 이온 농도 차이를 유지하는데 쓰인다.

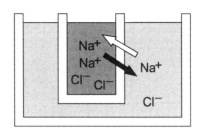

그림 4-4 농도차 전지는 간단하게 만들 수 있다. 우선 크기가 다른 용기 2개를 준비한다. 초벌구이만 한 작은 용기 안에는 진한 식염수를, 바깥 용기(재질은 상관 없다)에는 연한 식염수를 넣는다. 그러면 초벌구이 용기를 사이에 두고 전위차(전압)가 생긴다. 농도차가 10배면 약 0.06V, 100배의 농도차가 있으면 약 0.12V 정도다. 초벌구이 용기는 옹기의 재료인 규산이 음전하를 띠기 때문에 Na^+은 통과시키지만 Cl^-이온은 통과시키지 않는 반투성이 있다. 그래서 Na^+는 농도가 큰 안쪽에서 바깥쪽으로 빠져나간다. 그러다 용기 안쪽에 음전하가 너무 많아지면 Na^+이 더 이상 나가지 않게 된다. 이렇게 농도 분포(검은색 화살표)와 전하의 배치 차이(흰색 화살표)가 균형을 이룰 때의 전위차를 평형전위라고 한다.

기를 그보다 큰 양동이에 넣고 양동이에는 연한 식염수, 도기 안쪽에는 진한 식염수를 넣습니다. 도기 안과 바깥에 전선으로 꼬마전구를 연결하면 전구에 불이 들어옵니다. 예전에는 중학교 과학시간에 꽤 했던 실험인데 요즘은 하지 않는 것 같습니다. 이건 일종의 전지로, 농도차 전지라고 합니다(그림 4-4). 초벌구이 도기는 규산이 마이너스 전하를 띠기 때문에 소듐 이온은 통과시키지만 염소 이온(Cl^-)은 통과시키지 않기 때문에 위의 조건에 맞습니다.

살아 있는 세포의 세포막은 보통 포타슘 이온만 통과합니다. 따라서 세포 안쪽이 바깥쪽에 비해 -0.1볼트 정도의 전압을 유지합니다. 이는 '유전자는 DNA로 만들어진다'는 사실처럼 지구 위 모든 생물의 모든 세포에 공통되는 성질입니다.

하지만 어느 날 갑자기 소듐 이온을 주로 통과시키는 상태가 될 때가 있습니다. 그럼 세포 안쪽이 바깥쪽에 비해 +0.1볼트로 바뀝니다. 전압이 −0.1볼트에서 +0.1볼트로 역전했습니다. 이를 '세포의 흥분'이라고 합니다. 신경이나 근육, 감각세포나 분비선에서 전형적으로 일어납니다. 식물에서도 미모사 잎에 붙어 있는 세포(엽침)에서 유사한 현상이 나타납니다.

왜 이런 일이 일어날까요? 세포막에는 소듐 이온 채널이라는 소듐 이온을 통과시키는 단백질이 있는데 보통은 닫혀 있지만 자극을 받으면 이 채널이 열립니다. 여기에서 자극이란 평상시 세포 안쪽의 −0.1볼트가 어떤 이유로, 예를 들어 감각신호가 들어오거나 앞의 신경세포가 흥분하거나 실험자가 인공적으로 전류를 흘리거나 해서, −0.05, −0.04, −0.03볼트로 감소하는 것을 말합니다.[*]

그럼, 소듐 이온 채널이 열리면 어떻게 될까요? 소듐 이온이 막을 통과하면 +0.1볼트로 바뀝니다. 다시 말해, 탈분극합니다. 이 말은 탈분극하면 열리게 되고, 열리면 탈분극이 일어난다는 뜻입니다. 즉 탈분극하면 소듐 이온 채널이 열리는 사이클이 돌아갑니다. 그 결과, 세포막 위의 모든 소듐 이온 채널이 일제히 열립니다(그림 4-5). 자기

[*] 생리학에서는 이것을 탈분극이라고 한다. 세포막 사이에 전위차가 있는 상태를 분극이라고 하고, 그 전위차가 줄어들면 탈분극이라 한다. 반대로 전위차가 커지면 과분극이라 한다.

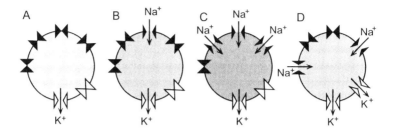

그림4-5 지구상의 모든 세포에서 Na^+농도는 세포 바깥쪽이 안쪽보다 높고, K^+ 농도는 세포 안쪽이 바깥쪽보다 높다. 가만있을 때(신경이 흥분하지 않을 때, 근육이 수축하지 않을 때)에는 세포막은 K^+의 투과성이 좋아, 세포막 사이에 K^+의 농도차가 생겨 K^+ 평형전위(-90mV)가 생긴다(A). 이것이 휴지전위다.

어떠한 이유(감각자극이 있거나, 다른 신경으로부터 자극을 전달받거나)로 Na^+의 투과성이 증가하면 막 안팎의 전위차는, Na^+의 농도차에 따라 Na^+ 평형전위(+60mV)를 향해 움직이기 시작한다(B). 다시 말해, 탈분극이 일어난다. 탈분극은 Na^+ 투과성이 높아져서 생긴 결과지만, 이것이 원인으로도 작용하기 때문에 이 변화는 자기강화적으로 진행되고, 아주 짧은 시간인 0.001~0.002초 만에 전위차는 Na^+ 평형전위까지 도달한다(C). 이때의 전위를 활동전위라고 한다.

하지만 Na^+ 투과성 상승은 일회성인 데다, 약간 늦기는 하지만 K^+의 투과성이 쫓듯이 증가하기 때문에 전위는 다시 최초의 상태로 돌아온다(D). 즉, 재분극이 일어난다. 이렇게 이온 투과성을 늘리거나 줄이는 메커니즘으로 호지킨과 헉슬리는 이온 채널을 상정했다(그림의 ▷◁와 ▶◀).

재생적 혹은 자기강화적이죠? 다만 소듐 이온 채널은 자동으로 닫히기 때문에 흥분은 1000분의 1초에서 1000분의 5초 사이에 가라앉습니다. 오징어의 거대 신경˙으로 이온 채널의 구조를 밝힌 영국의 앨런 호지킨(1914~1998)과 앤드루 헉슬리(1917~2012)는 1963년에 노벨생리의학상을 받았습니다.˙˙

음식의 온도에 대한 이야기로 돌아갑시다. 한 카레 전문점에서 여름 한정 메뉴로 차가운 카레를 출시한 적이 있습니다. 샐러드 느낌의 해산물카레로 인기가 꽤 많았습니다. 그런데 이것을 닭고기나 돼지고기로 했으면 어땠을까요?

혹시 전날 먹다 남은 치킨카레를 데우지 않고 그냥 먹어본 적이 있나요? 아마 맛이 없었을 겁니다. 작은 방울 형태로 굳어버린 지방이 혀에 자꾸 닿아 까칠까칠한 데다, 입안 전체를 지방이 막처럼 감싸는 것 같아 다른 맛을 느낄 수 없었기 때문입니다. 왜 그럴까요? 닭을 비롯한 조류의 체온은 약 42도로 사람의 체온보다 상당히 높아 사람의 입안 온도(약 36도)에서 조류의 지방은 딱딱하게 굳기 때문입니다.

그럼 새의 몸속에서 기름은 어떤 역할을 하는 걸까요? 새의 몸속 지방은 에너지를 저장하기도 하지만, 우선 근육 운동의 윤활유로 작용합니다. 체온(약 42도)에서 근육이 적당한 유연함을 유지하게 해 관절이 자유자재로 움직일 수 있게 합니다.

---

* 오징어는 몸체 바깥쪽에 두꺼운 신경다발이 있어 생리학 실험에 적합하다. 호지킨은 런던 교외 플리머스의 해양생물협회연구소에 진을 치고 항구에서 갓 잡아 올린 신선한 오징어를 매일 아침 가져다 실험에 사용했다.

** 앤드루 헉슬리의 동생은 가상의 디스토피아를 그린 《멋진 신세계》로 유명한 올더스 헉슬리(1894~1963)이고, 할아버지는 '다윈의 불도그'라 불렸던 진화학자 토머스 헉슬리(1825~1895)다. 앤드루도 찰스 다윈에게 배웠고, 웨지우드 남작 집안의 여성과 결혼했다. 영국에는 명문가가 아직도 존재한다.

돼지와 소도 마찬가지입니다. 돼지의 지방은 돼지의 체온(포유류이기 때문에 사람과 비슷한 37도)에서 적당하게 유연합니다. 돼지고기의 하얀 지방층은 냉장고에 두면 하얗게 굳지만, 돼지의 몸속에서는 부드럽습니다. 어류나 무척추동물의 지방은 좀 더 부드럽습니다. 이들의 지방은 녹는점이 낮아 포유류의 체온보다 낮은 온도에서도 액체 상태입니다. 이들 바다생물의 지방은 서식하는 해역의 수온에 따라서도 녹는점이 달라집니다.

일반적으로 지방산은 탄소사슬의 길이가 짧을수록 녹는점이 낮아 낮은 온도에서도 잘 굳지 않습니다.[9] 예를 들어, 탄소 16개가 결합한 포화지방산*인 팔미트산의 녹는점은 63도, 탄소수 18개의 포화지방산인 스테아린산의 녹는점은 69도입니다.

하지만 지방산에 이중결합이 많을수록 녹는점은 낮아집니다. 탄소수가 똑같이 18개라도 불포화도가 2(이중결합이 2개 있다는 의미)인 리놀레산은 -5도, 불포화도가 3인 리놀렌산은 -11도입니다. 따라서 추운 바다에 사는 물고기의 기름일수록 불포화도가 높습니다. 정어리는 추운 바다에 사는 물고기이기 때문에 EPA(에이코사펜타엔산eicosapentaenoic acid으로 탄소수가 20개, 이중결합이 5개다. DHA와 함께 '오메가-3 지방산'이다)와 DHA(도코사헥사엔산docosahexaenoic acid으로 탄소수가 22개, 이중결합 6개)가 많습니다. EPA는 피부의 노화를 막아줍니다. 이중결합이 항산화 작용을 하기 때문입니다.

정어리는 추운 바다에서 자유롭게 헤엄치기 위해 녹는점이 낮은 EPA를 갖고 있는 것이지 피부미용을 위한 것은 아닙니다. 사람들은 피부 노화를 막아준다는 이유로 이 EPA를 좋아합니다. 여하튼 이런 이유로 차가운 카레에는 채소나 해산물이 어울립니다.

---

* 탄소사슬이 수소로 꽉 차 있는 상태를 '포화'라고 한다. 샐러드유는 포화도가 낮기 때문에 상온에서 액체이지만 버터는 포화도가 높기 때문에 상온에서 고체다. 식물성기름에 수소를 불어넣어 포화도를 높여 고체로 만든 게 인조 버터(마가린)와 인조 라드(쇼트닝)다.

단백질의 협동성

어떤 물질(리간드, L)이 그것을 받아들이는 물질(수용체, A)과 결합한 다고 하자. 산소와 헤모글로빈이어도 좋고, 설탕과 단맛 수용체여도 좋 다. 수용체에서 결합부위가 하나뿐일 경우, 리간드의 양을 늘리고 시간 이 충분히 흐르면, 보다 정확히 말해 평형에 도달하면, 총 수용체 중 리 간드와 결합한 수용체의 비율은 그림 4-6의 왼쪽 그래프처럼 나타난다. 이 곡선을 식으로 나타내면 다음과 같다.

$$[AL] / ([A] + [AL]) = [L] / (K + [L])$$

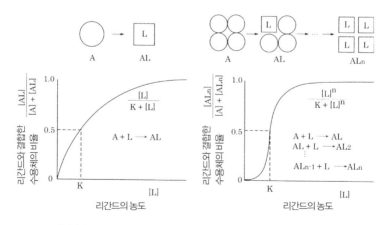

그림 4-6 미카엘리스–멘텐 식과 힐식

이 식을 미카엘리스-멘텐 식이라고 하는데 생화학의 기본식이다. 그림에서 수용체의 절반이 리간드와 결합하고 절반이 자유로울 때의 리간드 농도가 바로 K이고, 이것을 '결합상수'라고 한다.

이번에는 수용체가 여러 개의 결합부위를 가진 다합체일 경우, 그중 하나에 리간드가 결합하면 수용체의 모양이 변하고 두 번째 결합부터는 결합이 좀 더 쉬워지는 성질이 있다고 하자. 그러면 전체 수용체 중 리간드와 결합한 수용체의 비율은 그림 4-6의 오른쪽 그래프처럼 나타난다. 그런 간섭작용이 없다면 마찬가지로 왼쪽 그래프처럼 나타날 것이다.

이것을 식으로 나타내면 다음과 같다.

$$[L]_n / (K + [L]_n)$$

이 식을 힐 식이라고 한다. $n=1$일 때가 미카엘리스-멘텐 식이기 때문에 그 확장이라고 할 수 있다. 이 지수 n을 '힐 계수' 혹은 '협동성 지수cooperativity index'라고 한다.

결합한 수용체의 비율이 50퍼센트일 때의 리간드 농도는 미카엘리스 상수라고도 한다. 실제 미카엘리스 상수는 리간드 하나를 늘리는 반응마다 따로따로 있을 것이다. 그래서 이 K는 반응 전체를 나타내는 결합상수와는 다른 이름으로 불러야 되지만 간단히 측정할 수 있는 것이 바로 이 값이기 때문에 그냥 결합상수라고 부르는 경우가 많다. 생화학 강의는 첫 수업에서 이 힐 식을 이론적으로 유도하는 것으로 시작한다.

결합부위가 4개로 4합체인 헤모글로빈이 산소와 결합하는 반응이 바로 여기에 해당된다. 산소 농도가 높은 동맥 혈액이 심장을 나와 조직으로 흘러갈 때, K 근처에 올 때까지 결합을 유지하고 있다가, 산소와 헤모글로빈 결합체의 농도가 K를 밑돌면 바로 결합이 해체되면서 산소를 한 번에 내보낸다.

한편 근육세포 중에서 산소를 축적하고 있는, 헤모글로빈의 동생뻘에 해당하는 미오글로빈(고기의 붉은색을 띠게 하는 단백질)은 단위체로 결합방식이 그림 4-6의 왼쪽 그래프에 해당한다. 그래서 헤모글로빈처럼 스위치를 켜고 끄는 형태의 조절이 아니라, 근육의 산소 요구도에 따라 산소 농도를 점진적으로 넓은 범위에서 조절할 수 있다.

읽어 읽기 2 | 생물과 전기

건전지는 1.5볼트를 내는데, 이 볼트가 전압의 단위라는 사실은 초등학생도 대부분은 알고 있다. 하지만 볼트가 사람 이름이라는 사실은 의외로 모르는 사람이 많다. 알렉산드로 볼타(1745~1827)는 이탈리아의 물리학자로 개구리 다리에 두 개의 금속을 갖다 대면 다리가 오그라드는 현상을 해석하면서 루이지 갈바니(1737~1798)와 논쟁을 벌였다.

갈바니는 개구리에 전원이 있다고 생각했지만, 볼타는 이 현상이 2개의 금속(구리와 아연)일 때에만 일어나기 때문에 금속에 전원이 있다고 생각했다. 물론 볼타의 주장이 맞다. 구리의 반응성과 아연의 반응성에 차이가 있기 때문에 금속 간에 전위차(전압)가 생긴다. 볼타는 자신의 주장을 증명하기 위해 구리와 아연판을 동시에 묽은 황산 용액에 넣고 전위차가 생기는 것을 보였다. 이것이 바로 볼트 전지로, 세계 최초의 화학전지다.

이 개구리 논쟁은 볼타의 승리였지만, 갈바니가 주장한 생물의 발전 능력 자체는 그 뒤 많은 과학자가 실증했다. 앞에서도 말했지만 세포는 보통 안쪽이 바깥쪽에 비해 약 0.1볼트 낮은 음전위를 띤다. 이를 휴지 전위라 한다. 신경이나 근육에서는 가끔 안팎의 양극과 음극이 역전하 기도 한다. 이것이 활동전위다. 따라서 세포를 직렬로 쌓아놓고 동시에 흥분시키면 커다란 전압을 발생시킬 수 있다.

실제로 아마존강의 전기뱀장어Electrophorus electricus는 근육세포를 변형 시킨 발전판이라는 세포를 수천 개 연결해 500~800볼트의 전압을 만 들어 낸다. 실수로 이 뱀장어를 밟으면 사람이 기절을 하기도 한다. 일 본 근해에 많이 서식하는 전기가오리Narke japonica도 최대 30볼트의 전압 을 발생시킬 수 있다.

학교 다닐 때 학생 7명이 서로 손을 잡고 둥그렇게 늘어서서는 맨 앞 에 있는 한 명이 가오리 등에, 반대편의 마지막 한 명이 가오리 배에 손 을 올려놓고, 교수님이 가오리 머리를 나무망치로 내리치면 다 같이 감 전되는 실습을 한 적이 있다. 실습생은 직렬로 연결되어 있었기 때문에 1인당 약 5볼트, 그러니까 겨울 아침이면 자주 경험하는 찌릿할 정도의

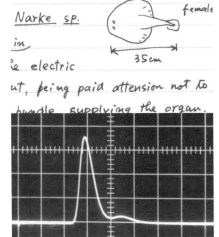

Narke sp.

in

?e electric

ut, being paid attension not to

bundle supplying the organ.

그림 4-7 / 대학교 4학년 때 썼던 실험노트다. 전기가오리의 전기기관을 잘라 위아래에 전극을 연결하고 발전량을 실제 측정했다. 7V 정도였다. 조금 기운이 없었나 보다.

정전기를 느낀 적이 있다(그림 4-7).

전기가오리의 발전은 방어용이다. 포식자에게 물리는 방향, 즉 등에 전압을 만든다. 하지만 아마존강의 전기뱀장어와 나일강의 전기메기 *Malapterurus electricus*에게 발전은 '전기적 위치감지electrolocation'를 위해 존재한다. 몸 주위에 전기장을 만들어 주위 상황을 파악하는 일종의 레이더 기능이다. 머리와 꼬리를 양극으로 전압을 만든다. 그래서 전기뱀장어는 몸길이가 2미터 이상이 되면 전기적 위치감지 능력이 떨어져 접근하는 물체를 알아채지 못한다.

전기적 위치감지란 레이더 같은 것이다. 아마존강이나 나일강은 흙탕물이기 때문에 시야가 좋지 않다. 그래서 몸 주위에 전기장을 만들고 그것을 몸에 있는 센서로 감지한다. 사냥감이 접근해 전기장이 흐트러지면 즉시 감지해 반응한다. 전기뱀장어가 앞이 잘 보이지 않는 더러운

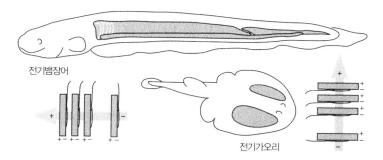

전기뱀장어

전기가오리

그림 4-8 전기 물고기의 발전기관. 전기뱀장어에는 주발전기관(main organ), 꼬리 끝부분에 있는 헌터기관(Hunter's organ), 배 쪽에 있는 색스기관(Sachs' organ)이라는 3개의 발전기관이 있다. 이들은 발전세포를 머리에서 꼬리 방향으로 직렬로 연결해 고전압을 내도록 설계되어 있다. 그에 반해 전기가오리의 발전세포는 등에서 배 방향으로 병렬로 연결되어 많은 전류가 흐르는 구조다. 발전세포는 근육세포가 변형된 것으로, 운동신경이 발전세포의 한쪽 면에만 들어 있어 한쪽 면만 탈분극시킨다. 반대쪽 면은 정지전위인 상태 그대로 이웃한 발전세포의 신경지배면(nerve supply)과 접한다. 따라서 직렬로 연결된 세포의 수만큼 전압이 증가한다. 즉, 적층전지와 같은 구조다.

물에 살기 때문에 전기적 위치감지 능력이 중요한 것이다. 바닷물은 누전이 심해 전기장을 만들기 어렵다.

깊이 읽기 3 | 이온 채널과 온도 센서

신경이나 근육의 흥분은 세포막의 소듐 이온 채널이 열리기 때문이다. 1952년에 앨런 호지킨과 앤드루 헉슬리가 신경흥분이론을 발표했을 때에는 이온 채널이 실제로 존재하는지 모르던 상태였다. 단지 설명을 위해 이러한 개념으로 작동할 거라고 상정했을 뿐이었다. 물론 당시에는 실제로 존재가 확정된 단백질조차도 극히 드물었다.

하지만 실제로 측정한 소듐 이온에 의한 전류값을 보고, "만약 실제로 이런 채널이 존재한다면 이 채널은 4합체로 분자마다 작동부위가 있을 것이고, 그중 3개가 열리면 소듐 이온을 통과시키고 하나라도 닫히면 통과시키지 않는다"와 같은 수많은 예언을 남겼다. 그리고 채널 개폐의 조건을 간단한 미분방정식으로 나타내고 여러 상수도 구체적으로 제시했다.

이에 따라 흥분이 시간에 따라 전달되는 과정의 역치(흥분이 시작되는 값)나 불응기(한 번 흥분하면 그 뒤 한동안 흥분하지 않고 쉬는 시간), 축삭 전도(예를 들어, 새끼발가락을 의자 다리에 부딪쳤을 때 부딪쳤다는 신호를 새끼발가락에서 척수까지 전달하는 현상) 모두 계산으로 시뮬레이션할 수 있게 되었다. 컴퓨터가 없던 시대였으니 수동계산기를 사용했을 것이다.

B5 크기 45쪽 분량의 논문이지만, 주옥같은 논문이란 이런 것을 두고

그림 4-9 수동계산기를 연구실 창고에서 발견했다. 나는 이것으로 계산한 적은 없지만 내가 공부할 때도 전자식 탁상계산기는 너무 비쌌기 때문에 주로 주판과 계산자를 사용했다. 계산자는 자릿수를 스스로 생각해야 하기 때문에 자연스럽게 암산 능력이 길러진다. 전자식 탁상계산기처럼 잘못 눌러서 자릿수가 달라지는 실수를 할 일은 없다.

하는 말이다. 소듐 이온 채널이 단백질로 분리되어 구조가 확정된 것은 1984년 교토대학의 누마 쇼사쿠 연구실에서였다. 전기뱀장어의 전기기관을 사용했다. 추출해서 정제할 때 소듐 이온 채널 분자의 표식으로 사용한 분자가 삭시톡신(적조류의 독소)으로 복어의 독처럼 소듐 이온 채널을 강하게 저해하는 천연독물이다.

덧붙여, 복어는 일본 사람이 주로 먹기 때문에 복어의 독 연구는 일본의 독무대나 마찬가지다. 독소를 화합물로 분리해서 테트로도톡신(복어과의 학명인 Tetraodontidae와 독소를 뜻하는 toxin의 합성어다. Tetraodontidae는 이빨이 4개인 생선이라는 뜻)이라고 명명한 사람은 다하라 요시즈미(1909년)이고, 구조를 결정한 사람은 히라타 요시마사(1964년), 인공합성한 사람은 기시 요시토(1972년), 그 작용을 밝힌 사람은 나라하시 도시오(1964년)다. 누마 연구팀의 업적도 그 계보를 잇는 것이라고 할 수 있다.

테트로도톡신은 복어가 체내에서 합성하는 물질이 아니라 복어 몸속의 세균이 만든 것이지만 섭취하는 플랑크톤(적조류도 플랑크톤이다)을 통해 복어에 축적된다. 그래서 양식으로 키운 복어에는 독이 없다.

소듐 이온 채널 역할을 하는 물질을 분리해 보니, 호지킨과 헉슬리의 예언 대부분이 맞았다. 4합체는 아니었지만 분자 하나에 동일한 반복이 4번 일어나고 있어 실질적인 4합체였다. 예언이 너무 딱딱 들어맞아 놀라울 뿐이었다(그림 4-10).

이온 채널은 종류가 많다. 지금까지 설명한 소듐 이온 채널이나 포타슘 이온 채널은 전위 의존성, 즉 세포 안팎의 전압차에 따라 개폐가 제어

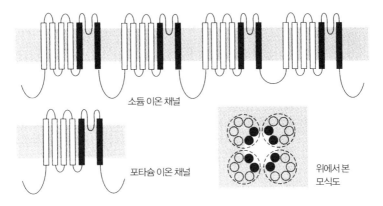

소듐 이온 채널

포타슘 이온 채널

위에서 본
모식도

그림 4-10 전위차로 작동하는 소듐 이온 채널은 2000여 개의 아미노산으로 이루어진 거대 단백질 분자다. 분자 하나에 클러스터가 4회 반복된다. 하나의 클러스터에는 막을 관통하는 사슬이 6개 있다. 하얀색으로 표시한 사슬이 전압 센서, 검은색으로 표시한 사슬이 채널의 벽이다. 4개의 클러스터가 모이면 중앙에 구멍이 생긴다. 역시 전위차로 작동하는 포타슘 이온 채널은 소듐 이온 채널의 클러스터 하나 크기의 분자 4개가 모여 하나의 채널을 만든다. 즉, 포타슘 이온 채널이 소듐 이온 채널의 조상 뻘쯤 되는데, 진화 과정에서 유전자중복이 두 번 일어나 크기가 2배가 되면서 소듐 이온 채널이 생겼다.

되는 타입이다.

그에 반해 앞에서 나온 TRPV1은 온도 의존성 이온 채널이다. 주위 온도가 40도 이상이 되면 열려 소듐 이온이나 칼슘 이온의 투과를 허용하고 센서세포를 흥분시킨다. 즉, 탈분극 현상이 일어난다. 또한 화학물질로 개폐가 제어되는 결합물 의존성 이온 채널도 있다.

신경세포는 신경세포와 근육의 접점에서 신경전달물질이라고 불리는 화학물질을 방출하고, 신경세포나 근육은 수용체라 불리는 단백질로 이들 신경전달물질을 받아들인다. 수용체의 대부분을 차지하고 있는 것이 이온 채널인데, 여기에 신경전달물질이 결합하면 채널이 열리면서 세포를 흥분시킨다. 뇌 안에서 주로 사용되는 신경전달물질은 글루탐산으로, 글루탐산 수용체도 역시 이온 채널이다.

신경계에서는 반대로 흥분을 억제하는 전달이 이루어지기도 한다. 감마아미노산에 의한 전달인데, 보통 GABAgamma-aminobutyric acid라고 줄여서 부른다. 이 수용체 또한 이온 채널이다. 다만, 통과하는 이온이 소듐 이온이 아니라 염소 이온이기 때문에 채널이 열리면 세포 내에 마이너스 전위가 커진다. 따라서 과분극 현상이 일어나 흥분이 억제된다.

식기 이야기

TABLEWARE

에도의 패스트푸드

생태학*에 '니치niche'라는 개념이 있습니다. 일반적으로 '생태적 지위'라고 번역합니다. 우선 이 개념부터 살펴봅시다. 우리는 활동하는 지역이나 시기가 달라도 각각의 환경 안에서 동등한 역할을 하는 생물종을 흔히 볼 수 있습니다. 예를 들어, 오스트레일리아 대륙은 곤드와나 대륙**에서 분리된 뒤 약 1억 4000년 동안 다른 대륙과 일체 왕래가 없었습니다. 하지만 그 안에서 포유류는 독자적인 동물군인 유대류를 진화시켰습니다.

---

* 생물 집단의 행동 양태를 연구하는 과학을 말한다. 생물 개체의 행동을 연구하는 행동학과 혼동하지 말아야 한다. 전자는 진화학과 관련이 있고, 후자는 전통적인 생물학에 가깝다.

** 현재의 남아메리카, 아프리카, 오스트레일리아, 남극대륙과 인도를 합친 고대의 대륙이다.

아프리카 대륙에 사자라는 대형 육식동물이 있다면, 오스트레일리아 대륙에는 주머니고양이라는 육식동물이 있습니다. 서로 간에 유전학적인 유연관계가 전혀 없는데도, 형질(모양이나 성질)이 상당히 유사하고, 각각의 생태적 환경에서 비슷한 역할을 하고 있습니다. 아프리카에 하늘다람쥐라는 활공 포유류가 있다면 오스트레일리아에는 주머니날다람쥐가 있습니다.

어떻게 이런 일이 가능할까요? 어떤 환경에서 해당 생태적 지위의 생물이 부재하면 그 공백에 진출하는 생물이 등장하게 마련이고, 그렇게 유사한 환경에 적응하게 되면 비슷한 형질을 갖게 됩니다. 또한 진화의 압력이 공백을 그대로 내버려 둘 리도 없습니다.

오스트레일리아의 캥거루는 평원에 거주하며 빠르게 움직이는 초

그림 5-1 저자의 집에 오스트레일리아에서 온 청년이 홈스테이를 한 적이 있는데, 그때 선물로 받은 것이다. 사진 맨 위가 천장이고, 아래가 마루다. 새끼 캥거루인데도 꽤 크다. 유럽인들이 오스트레일리아 원주민에게 저 동물은 무엇이냐고 묻자 원주민이 캥거루라고 대답했다는 이야기가 있다. 캥거루가 원주민 말로 '모른다'는 뜻이라는 것까지 덧붙여서 말이다. 하지만 홈스테이한 청년에게 물어보니 캥거루가 '모른다'는 뜻이라는 이야기는 지어낸 것일 뿐, 원주민도 캥거루를 캥거루라고 부른다고 한다.

식동물로 유라시아의 말이나 아프리카의 얼룩말과 유사합니다(그림 5-1). 그런 의미에서 니치는 '생태적 지위'라는 딱딱한 단어보다 원래의 뜻에 가까운 '틈새'라고 하는 게 이해하기 훨씬 쉽습니다.

  미국에서 처음 만들어진 햄버거는 1970년 일본에 상륙하자마자 눈 깜짝할 사이에 일본 열도를 점령했습니다. 햄버거가 일본에 들어오지 않았다면, 혹은 햄버거가 있기 전 일본 음식 중에서 햄버거의 니치에 해당하는 음식은 무엇일까요? 패스트푸드라는 의미에서 스시라고 할 수도 있고, 출출함을 달래는 간식이라는 의미에서 소바(간장 국물에 먹는 메밀 국수)가 될 지도 모르겠습니다. 하지만 저는 모든 면을 다 고려했을 때 쇠고기를 밥 위에 올린 규동牛丼이 아닐까 생각합니다.*

  그럼, 한번 공통점을 찾아봅시다. 첫째, 주식과 고기로 이루어진 간단한 음식이라는 점. 고기는 미리 반만 조리해두었다가, 주문을 받으면 가열해 밥 위에 붓거나 빵 사이에 끼웁니다. 둘째, 둘 다 맛의 포인트는 절인 채소입니다. 규동에는 채 썰어 절인 생강이 들어가고, 햄버거에는 얇게 썬 오이 피클이 들어갑니다. 셋째, 아주 빠르게 제공되고** 손님 역시 아주 짧은 시간에 먹어 치웁니다. 넷째, 주로 저소득

* 오니기리(おにぎり) 이론은 다루지 않는다. 잘 들어맞기는 한데, 오니기리는 아무래도 속에 들어가는 것이 너무 적으니, 오히려 버터나 잼을 바른 토스트나 빵의 니치라고 보는 게 좋겠다.

** 2013년 1월, 일본 맥도날드는 주문한 지 1분 안에 제공하지 못하면 공짜라는 광고를 했다.

층 노동자들이 먹는 음식으로, 부자들은 이런 음식을 식사로 인정하지 않습니다. 다섯째, 일하는 중에 점심으로 간단히 때우는 음식으로 가정에서는 별로 먹지 않습니다.

규동은 도쿄의 니혼바시 어시장•에서 이른 아침 생선 구매를 마친 생선장수들의 허기진 배를 달래준 음식이었습니다. 1899년 마쓰다 에이키치가 니혼바시 어시장에 '요시노야吉野家'라는 규동집을 연 것이 현재 규동의 시작이 되었습니다. 하지만 규동의 기원은 그 이전으로 거슬러 올라갑니다.

메이지시대에 들어오면서 일왕은 육식을 장려했습니다.•• 하지만 육식을 많이 하지 않던 당시 일본인들에게 고기 냄새는 역겨움의 대상이었습니다. 결국 서민들은 고기 냄새를 없애기 위해 된장이나 간장으로 진한 맛을 낸 전골 요리를 주로 먹었습니다. 또 향이 강한 파도 많이 넣었습니다.

전골요리는 냄비를 둘러싸고 여럿이 둘러앉아 먹는 음식으로, 새로운 것을 좋아하는 젊은이들 사이에 서서히 퍼져 1890년대에는 여기저기에 전골요리집이 생겨났습니다. 그 뒤에 기무라 쇼헤이가 '이로하いろは'라는 전골요리 체인점을 냈습니다. 이로하•••란 '48호점을 목표로'라는 뜻입니다.

기무라는 교토 출신으로, 처음에는 교토에 채소가게를 열었습니다. 그러다 1868년, 전쟁 중에 사쓰마한薩藩에 들어간 채소 외상값을 회수할 가망이 보이지 않자 사쓰마한에 대금을 받지 않겠다고 했습니다. 메이지유신이 끝나면서 수도가 도쿄로 옮겨졌고 교토는 쇠퇴했습니다. 그리고 사쓰마한의 중진이자 경시총감인 가와지 도시나가는 10년이 지난 1878년에 도쿄의 관영 도살장을 기무라에게 넘겨줬습니다. 부정부패가 난무하던 당시의 한 사례입니다. 관영 나가사키 조선소를 미쓰비시에, 관영 도미오카 방직공장을 미쓰이에 넘긴 것에 비하면 새 발의 피이지만요.

기무라는 이 기회를 놓치지 않았습니다. 바로 전골요리 체인점을 열었습니다. 시코쿠초町에 1호점을 연 것을 시작으로, 전성기에는 20개까지 점포수를 늘렸습니다. 그런데 어째서 20개에서 그쳤을까요? 기무라는 점포마다 자신의 정부를 한 명씩 배치해 가게 운영을 맡겼는데, 매일 밤 점포를 돌아다니며 각 달의 매상을 회수하려면 그 이상의 점포는 아마 물리적로도 생리적으로도 불가능했을 겁니다.

생물학적인 필연으로 기무라의 정부들은 혼외 자식을 낳았습니다.＊＊＊＊ 기무라는 자식이 늘어나자 이름을 지어주는 것도 귀찮았는지 이름에 번호를 매겨버렸습니다. 여섯 번째 자식에게는 쇼헤이莊平의 여섯째이므로 쇼로쿠莊六, 그 뒤로는 쇼시치莊七, 쇼하치莊八, 쿠에九重, 쇼주莊十라는 식이었습니다.

자식은 부모 없이도 잘 자란다는 옛말이 있습니다. 쇼헤이의 자식

＊ 에도시대부터 400여 년간 내려오던 니혼바시 어시장이 1923년 관동대지진으로 파괴되어 현재의 쓰키지 시장으로 자리를 옮겨 재건하였다.

＊＊ 1872년 1월 24일, 일왕 메이지는 궁중에 중신들을 불러 만찬을 열었고, 이 자리에서 덴무 일왕이 675년 육식을 금한 후 1200년 동안 이어져 온 육식금지령을 해제했다.

＊＊＊ 일본어의 히라가나 47자를 말한다.

＊＊＊＊ 당시에는, 아니 지금도 유부남이나 유부녀가 애인이 있는 것이 위법은 아니다.

들은 대부분 후세에 이름까지 남겼습니다. 쇼로쿠는 마술사, 쇼하치는 화가, 쿠에는 디저트카페 '쿠에'를 창업했고, 쇼주는 나오키상을 수상한 작가, 쇼토지莊十二는 영화감독이 되었습니다.

어쨌든 전골요리점에서 흰밥 위에 소고기 전골을 부어 먹던 것이 지금의 규동이 되었습니다. 이야기가 샛길로 빠졌지만, 여기까지가 규동 역사의 전반부이고, 그 뒤로 마쓰다 에이키치의 요시노야로 이어집니다.*

규동의 진화

규동을 원형으로 한 다양한 변주가 생겼습니다. 여기에서 원형이란 단맛과 매운맛이 적당하게 나도록 양념한 고기에 파를 넣고 끓여 밥 위에 올리는 형식입니다.

우선 쇠고기를 닭고기로 바꾸면 도리메시鳥飯가 됩니다. 닭고기를 파와 함께 끓이는 도리나베라는 냄비요리는 메이지유신 전부터 있었기 때문에** 도리메시는 규메시牛飯(규동과 같은 말)와 비슷한 시기에

---

* 마쓰다는 애처가였는지 체인점을 열지 않았다. 요시노야가 체인점을 연 것은 일본에 맥도날드가 들어온 이후부터다.

** 메이지유신을 비롯해 일본 근대화의 기틀을 만든 사카모토 료마와 나카오카 신타로가 소바집에서 습격당했을 때 샤모나베(軍鶏鍋)를 먹고 있었다.

*** 오야(親)는 어미인 닭을 뜻하고 코(子)는 자식인 달걀을 뜻한다.

**** 이토코는 사촌이라는 뜻이다.

***** 교토에 있는 소바집 혼케오와리야는 유부와 반만 굳힌 상태의 계란 흰자위로 밥 위를 덮는 아부타마

생겼을 겁니다.

이어서 도리메시는 제2의 원형을 만들어냈습니다. 닭고기를 놓고 달걀을 풀어 밥 위에 올리는 덮밥으로 바로 오야코동親子丼***입니다. 오야코동은 1891년 도쿄 니혼바시 닌교초에 있는 닭고기 냄비요리 집인 다마히데에서 처음 만들어 팔았습니다.[6] 오야코동이라는 이름도 센스가 넘칩니다. 이것이 덮밥 전환의 계기가 되었습니다.

닭고기 대신 오리고기를 사용한 이토코동****, 닭고기 대신 돼지 고기를 사용한 다닌동他人丼, 닭고기 대신 쇠고기를 사용한 가이카동開化丼, 닭고기 대신 어묵을 사용한 고노하동木の葉丼, 닭고기 대신 유부를 사용한 기누가사동衣笠丼***** 같은 변종이 생겼습니다. 그리고 가쓰동까지.

생물의 진화를 연구한 논문에서 화석 기록들을 살펴보면, 진화는 일정하게 꾸준한 속도로 다른 종을 만들어온 것이 아니라 어느 단계에서 갑자기 다수의 변종이 만들어지는, 마치 부채의 사북******처럼 확 펼쳐지는 단계가 있는 것을 알 수 있습니다. 이런 급작스런 전개를 '방산放散, divergence'이라고 합니다. 예를 들어, 인류의 진화사에서는 호모 에렉투스가 많은 인간종을 만들어낸 방산의 사북입니다. 오야

동(あぶたま丼)을 만들었다. 가게 북서쪽에 있는 기누가사 산의 모양을 본뜬 것이다. 그런데 이 산의 이름은 왜 기누가사(비단을 씌운 자루가 긴 양산)일까? 헤이안시대에 더위에 질린 우다 왕이 우대신(右大臣) 스가와라노 미치자네에게 시원하게 해 달라고 명령했다. 미치자네는 궁궐의 서쪽 산에 커다란 흰 명주를 걸어 눈이 내렸다며 보여줬다. 그래서 그 산을 기누가사산이라고 한다. 그런

실없는 짓을 했기 때문인지 미치자네는 고지식한 좌대신(左大臣) 후지와라 노도키히라한테 무시당하며 좌천됐다.

****** 접었다 펼치는 부채의 아래쪽에 부채살을 모아 마치 돌쩌귀처럼 박는 것.

코동은 인류진화사의 호모 에렉투스에 해당하는 규동 방산의 사북이라고 할 수 있습니다.

돈가스의 탄생

가쓰동이라고 불리는 덮밥은 1921년 와세다대학에 다니던 나카니시게이지로가 단골식당인 카페하우스에 처음으로 제안한 것입니다. 양식으로 들어와 많이 알려진 포크커틀릿을 덮밥 위에 올리고 소스를 뿌렸다고 합니다.[7] 요즘 말하는 데미글라스소스•를 얹은 가쓰동과 비슷해 보이지만, 새로운 요리라기보다는 식탁에 제공되는 방식의 차이일 뿐입니다.

거의 비슷한 시기에 와세다대 앞에 있는 소바가게 산초안은 예약을 막판에 취소해 팔지 못하고 식어버린 포크커틀릿을 뼈를 제거하고 직사각형 모양으로 길게 잘라 육수에 넣고 끓여서 밥 위에 올려 팔았습니다. 이것이 대히트를 쳤습니다. 이쪽이 우리가 아는 가쓰동에 가까워 보입니다. 산초안은 지금도 같은 자리에서 영업을 하고 있습니다. 지극히 평범한 대학가의 식당이고, 가게에서 파는 가쓰동 역시 지극히 평범한 맛입니다.

또한, 산초안은 카레우동의 발상지(1904년)이기도 합니다.[8] 이 역시 평범한 카레우동입니다. 가게를 찾아가 먹어보고는 "이게 뭐야?" 하는 사람들도 있지만, 반대로 말하면 자기 가게의 메뉴를 일본의 스탠더드 요리로 만든 점은 놀랄 만합니다. 와세다대 출신은 아니지만 고등학교 때 매년 육상부 대항전을 마치면 뒤풀이를 꼭 이 가게에서 했기 때문에 잘 알고 있습니다.

여기에서 주목해야 할 점은 가쓰동이 돈가스보다 먼저 탄생했다는 점입니다. 돈가스는 1929년 오카치마치에 있는 폰치켄에서 처음 선을 보였습니다. 앞에서 말한 와세다대 학생이 먹은 양식 커틀릿과는 다릅니다.

커틀릿이란 갈비côte의 작은 조각côtelette이라는 뜻입니다. 뼈 있는 돼지고기**에 빵가루로 옷을 입히고 버터는 넣지 않고 쇠기름이나 돼지기름에 볶은 뒤 고기 국물이나 데미글라스소스를 뿌리는 프랑스 요리(혹은 영국 요리)로 나이프와 포크로 먹습니다.

그에 비해 돈가스는 돼지 등고기를 뼈를 제거하고 두껍게 썰어 빵가루를 듬뿍 뿌린 후 기름에 튀겨 가위로 잘라 접시에 담아내면 젓가락으로 먹습니다. 따라서 돈가스는 커틀릿의 변형이라기보다 미리 뼈를 제거하고, 부엌에서 잘라 내놓고, 젓가락으로 먹는 가쓰동에서 변형된 음식으로 봐야 합니다.

포크커틀릿 → 돈가스 → 가쓰동의 순서로 발달한 것이 아니라 포

• 고기 육수에 포도주와 채소를 넣어 졸인 것으로, 육류 요리의 기본 소스

•• 지금은 어린 양의 뼈 있는 갈빗살도 이런 식으로 제공된다.

크커틀릿 → 가쓰동 → 돈가스입니다. 진화론에 빗대 말하면, 물고기 → 고래 → 육상 포유류의 순서가 아니라, 물고기 → 육상 포유류 → 고래의 순서입니다.

손으로 먹느냐, 그릇에 담아먹느냐

규동을 일본의 햄버거라고 했지만, 이 둘에는 결정적인 차이가 있습니다. 말할 것도 없이 담는 그릇과 먹는 식기가 다릅니다. 햄버거는 손으로 잡고 먹지만 규동을 먹을 때는 그릇과 젓가락이 필요합니다.

　동아시아에서는 역사시대가 시작된 이래 손으로 식사를 한 적이 없습니다. 언제나 식기가 있었습니다. 중국에서는 기원전부터 젓가락과 숟가락을 사용했습니다.º 기원전 6세기에 공자는 젓가락과 숟가락으로 식사를 했습니다. 일본에서도 대륙과 교류가 시작된 이후에는 젓가락을 사용했습니다. 위쪽이 하나로 붙어 있는 대나무 집게를 젓가락으로 본다면 시기는 더욱 앞당겨집니다.º

　서양에서 조리용이 아닌 식사용으로 나이프와 스푼이 사용된 것은 17세기 이후이고, 포크는 18세기 이후입니다. 그전까지는 음식을 손으로 집어 먹었습니다.ºº 레오나르도 다빈치가 그린 〈최후의 만찬〉에 나오는 식탁에도 빵과 와인 외에 생선ººº과 오렌지는 보이지만 식기는 보이지 않습니다. 예수가 제자들에게 "음식을 드세요"라고 말했지만, 식기는 준비하지 않았습니다. 12사도 역시 "네, 포크는

그림 5-2 일본 도쿠시마겐(縣)의 오오츠카 국제미술관에 전시된 〈최후의 만찬〉 복제 그림을 보면 식탁에 생선 접시가 있다. 생선 모양이 망가지지 않은 것으로 보아 쪘을 것이다.

요?"하고 묻지 않았습니다. 당연히 손으로 집어 먹었습니다. 레오나르도 다빈치가 서기 1세기 예루살렘의 식탁이 어땠는지 고증하고서도 나이프와 포크를 그리지 않았을 리는 없습니다. 15세기의 피렌체에는 나이프와 포크가 없었기 때문에 그리지 않았습니다.

* 젓가락을 뜻하는 '箸'라는 글자는 원래 집게를 가리킨 듯하다.

** 포크가 생기기 전, 나이프로만 고기를 먹을 때는 나이프로 고기를 찔러 입에 넣었다. 위험하다.

*** 사도 베드로는 갈릴리 호수에서 틸라피아를 잡는 어부였기 때문에 영어로는 이 생선을 '성 베드로의 생선'이라고 부른다. 〈최후의 만찬〉에 나온 메뉴를 재현한 음식은 도쿠시마겐(縣) 나루토시에 있는 오오츠카 국제미술관에서 먹을 수 있다.

그 뒤 오른손에 나이프를 들고 음식을 잘라서 나이프로 음식을 입에 옮기는 시대가 있었고, 왼손에 바비큐 꼬치 같은 막대기를 들고 고기를 누르던 시대, 꼬치로는 고기가 빙글빙글 돌기 때문에 고기를 누르는 데 포크를 사용한 시대, 나이프가 아닌 포크로 음식을 입으로 옮기는 시대를 거쳐 지금의 식기가 자리를 잡았습니다. 식기의 발명과 변화 과정에 대해서는 헨리 페트로스키가 쓴 《포크는 왜 네 갈퀴를 달게 되었나》[10]에 자세히 나와 있습니다. 이 책은 생물진화론의 참고도서로도 꼭 한번 읽어보기 바랍니다. 젓가락을 2500년간 사용해 온 동아시아 사람들이 보기에는 서양에서 왜 젓가락을 사용하지 않는지 이상할 수밖에 없습니다.

그릇은 동서양 모두 아주 오래전부터 사용했습니다. 하지만 그릇 진화의 역사가 서로 같지는 않습니다. 토기(초벌구이)부터 시작한 점은 같지만, 서양에서는 그 뒤로 금속으로 만든 식기가 발달합니다. 앞에서 이야기한 〈최후의 만찬〉에도 생선은 금속 접시 위에 있습니다. 철, 청동(구리와 주석의 합금), 백동(구리와 니켈의 합금)*으로 만든 식기가 있었고, 중요한 날에는 은으로 만든 식기를 사용했습니다. 왜 토기 대신 금속 식기가 발달했는지는 알 수 없습니다. 전쟁과 관련 있는 무기의 발달과 관련이 있는지도 모릅니다. 서양에도 물론 토기를 만드는 데 필요한 점토가 있었습니다. 그래서 훗날 훌륭한 도자기가 발달했습니다.

한편, 동양에서는 토기가 진화해 도기와 자기가 발달합니다. 도기와 자기는 소성 온도나 사용하는 흙의 종류와 양, 그리고 유약의 종류 등 여러 면에서 다릅니다.* 근본적으로는 산지가 다르기 때문에 그곳에서 생산하는 점토의 특성에 따라 굽는 방법이나 유약 등을 택했을 겁니다. 도기용 흙으로는 얇게 성형할 수 없습니다. 얇게 만든다 해도 연결하는 유리질이 적어 금세 깨지고 맙니다. 반대로 자기용 흙은 저온에서 구우면 유리질이 녹지 않아 형태를 유지할 수 없습니다. 즉, 다윈이 진화론에서 말한 환경적응이 일어나게 됩니다.

도자기는 영어로 '차이나china'라고 합니다. 고유명사가 아니라 일반명사라 소문자로 적습니다. 영국에서 만들어도 차이나입니다. 중국에서 만들어도 영국에서 구워도 차이나입니다. 18세기 말, 영국에서는 흰 점토가 부족해 한 장인이 시험 삼아 소뼈를 으깨서 사용했는데 이것이 대성공이었습니다. 영국은 매주 로스트비프를 굽는 나라였기 때문에 소뼈라면 얼마든지 구할 수 있었습니다. 그 장인은 누구일까요? 바로 조사이어 웨지우드 2세(1769-1843)입니다.* 그의 여동생 수잔나가 찰스 다윈의 어머니이고, 그의 딸 엠마는 찰스 다윈의 아내입니다. 이 이야기를 하려고 여기까지 돌아왔습니다. 웨지우드의 본차이나는 우윳빛 백색의 표면***과 얇게 만들면 빛이 비치는 투광성 때문에 많은 사랑을 받았습니다. 그리고 영국왕실에 납품하는

* 구리와 아연의 합금인 황동은 소금물에 닿으면 아연이 녹아 나오기 때문에 식기로는 사용할 수 없다.

** 도기는 약 1100도, 자기는 약 1300도에서 굽기 때문에 도기에는 장석이 많은 흙이, 자기에는 석영이 많은 흙이 사용된다. 자기는 흙으로 얇고 가볍게 성형한 후 유약을 전면에 살짝 바른다.

*** 영국 사람들은 왜 흰색 식기를 좋아할까? 즐겨 마시는 홍차의 붉은색과 잘 맞기 때문일 것이다. 규동을 먹는 데 웨지우드는 필요하지 않다. 규동에는 이마리 자기(일본 사가겐에서 만들어내는 자기로, 흰 바탕에 동식물이나 문양을 화려하게 채색되어 있다)가 어울린다.

명기가 되었습니다.

도자기가 금속기보다 식기에 알맞은 이유는 화학반응을 하지 않고 열전도성이 낮기 때문입니다. 금속으로 만든 용기에 산을 넣으면 금속이 녹아내려 맛이 없어집니다. 철이라면 그래도 빈혈에 효과가 있기 때문에 괜찮지만, 구리나 주석, 납은 중독성이 있어 위험합니다. 우메보시(매실장아찌)를 알루미늄 포일로 감싸면 하룻밤 새 구멍이 납니다. 은은 약한 산에서는 녹지 않지만 식품 중의 황 성분*과 반응하면 금방 까맣게 변합니다. 도자기는 이런 음식에 강합니다. 도자기의 원료인 이산화규소는 산에도 염기에도 녹지 않기 때문입니다.

도자기는 열전도율이 낮아 입술에 닿아도 화상을 입지 않고, 또 손으로도 들 수 있습니다. 뜨거운 홍차를 금속 컵에 따르면 입에 대자마자 데고 말 겁니다. 게다가 금속 용기는 금방 식습니다. 도기로 된 밥공기는 공기 중으로 열려 있는 위쪽으로만 열을 방출하는 데 반해, 금속 용기는 사방으로 열을 방출하기 때문입니다. 도기는 쉽게 깨진다는 것이 단점이지만, 판매자 입장에서는 장점일 수도 있습니다. 금속 용기는 한 번 팔고 나면 재구매를 기대할 수 없으니까요.

나무로 만든 식기

일본은 나무와 숲의 나라입니다. 그래서 나무를 이용해 식기를 만드는 기술이 발달했습니다. 목재는 가볍고 단열성이 뛰어나고 가공성이 좋으면서도, 고온의 가마에 구워야 하는 당시의 첨단기술도 필요 없었습니다. 다만, 내구성이 약하다는 단점이 있습니다. 그것을 보충하기 위해 옻칠을 했습니다. 물론 목재를 사용하는 공예는 전 세계 어디에든 있습니다. 목조 신상, 불상, 인형은 어딜 가나 흔히 볼 수 있지만, 옻과 조합해 목재를 식기로 사용한 곳은 동아시아가 유일합니다. 그래서 도자기를 china라고 부르듯이 칠기를 보통명사로 japan이라고 합니다. 미국에서 만들어도 japan입니다.

칠공예도 중국에서 전해진 기술이라고 생각되던 시대가 있었지만, 조몬시대●●의 유적으로 칠기(식기가 아닌 장신구이지만)가 발견되어 지금은 일본 고유의 기술로 보는 게 통설입니다.[13]

옻에 대한 연구는 오사카대학과 연이 깊습니다. 오사카대의 총장을 지낸 마시마 리코(1874~1962)는 도쿄제국대학을 졸업하고, 1907년부터 스위스 취리히 공과대학의 화학자 리하르트 빌슈테터(1872~1942)●●● 아래에서 천연물 유기화학을 공부했습니다. 기술적으로는 불포화탄화수소에 수소를 첨가하는 기술을 공부한 것이 뒷날 성공하는 데 보탬이 되었습니다. 1911년에 귀국해 도호쿠제국대학의 교수가 되어 1917년 옻의 주성분인 우루시올의 구조를 밝혔습니다.[14]

● 단백질을 구성하는 아미노산인 메싸이오닌과 시스테인에는 황이 들어 있다. 따라서 고기요리와 달걀요리에는 황화수소 화합물이 포함돼 있다.

●● 일본의 신석기시대로 기원전 1만 3000년경부터 기원전 300년까지라고 알려져 있다. 조몬(縄文)이라는 명칭은 당시 사용하던 토기에 새겨진 새끼줄 모양의 문양에서 비롯되었다.

●●● 종이크로마토그래피를 개발하고, 엽록소를 비롯한 다양한 식물색소를 분리하고 발견했다. 그 업적으로 1915년에 노벨화학상을 수상했다. 유대인으로 뮌헨대학 교수로 재직 시에 나치의 부상을 눈앞에서 목격하고는 항의 사직한 뒤 스위스로 망명했다.

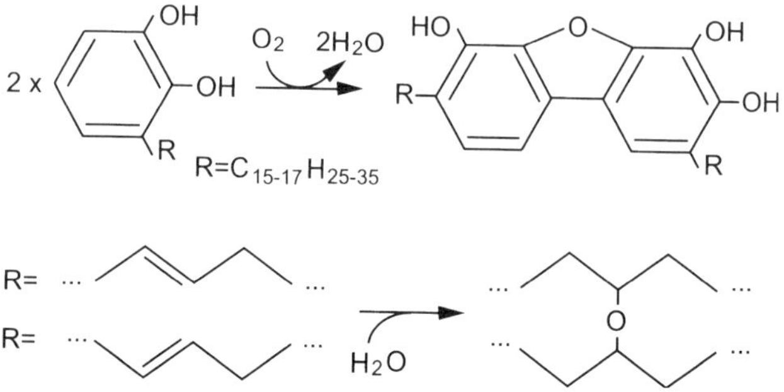

그림 5-3 우루시올의 중합반응. 위쪽은 우루시올의 방향족 고리가 중합되는 과정이고, 아래쪽은 우루시올의 탄화수소 사슬 간에 일어나는 가교 중합반응이다.

우루시올은 옻 수액의 주성분으로 물에는 거의 녹지 않습니다. 하지만 일본처럼 습도가 높은 환경에서는 물을 머금고 산화하면서 중합반응을 통해 딱딱하게 굳습니다.

옻칠을 할 때 아무것도 첨가하지 않으면 연갈색의 투명칠이 됩니다. 칠흑이라는 표현 때문에 옻 자체가 검은색이라고 착각하는 사람이 많은데 그렇지 않습니다. 흑칠은 옻에 수산화철을 첨가해 검은색을 내게 한 겁니다. 붉은색을 내는 주칠은 진사나 변병辨柄 등의 안료를 첨가해 색을 입힙니다. 따라서 하려고 하면 파란색도 초록색도 만들 수 있습니다.

칠기는 재료가 나무이기 때문에 취급에 주의해야 합니다. 식기세척기 같은 걸로 거칠게 닦으면 흠집이 생깁니다. 설날 술에 취해 '설거지는 내일 하지'하고 찬합을 싱크대에 담가두면 흠집에 물이 들어가 나무가 팽창합니다. 그럼 흠집도 점점 커져 그 사이로 물이 스며

듭니다. 가보로 보관하던 찬합이 이렇게 망가집니다. 다만 요즘 찬합은 칠은 옻칠을 해도 내부는 플라스틱인 제품이 많습니다. 그렇다면 걱정하지 않아도 됩니다.

금속기나 토기(도자기), 목기도 아닌 그릇으로는 나뭇잎이 있습니다. 바나나 잎으로 싸서 구운 토란, 조릿대 잎으로 싸서 찐 떡, 김으로 싼 김초밥, 떡갈나무 잎으로 싼 찰떡^{※※} 등이 나뭇잎을 조리도구로 사용한 요리입니다. 감잎으로 싼 감잎 초밥, 갓의 잎으로 싼 메하리스시나 호오바야키^{※※※}도 있습니다. 돼지를 바나나 잎으로 싸서 불에 달군 돌 위에 올려놓고 오랫동안 푹 삶은 폴리네시아의 통돼지구이를 먹어보고 싶네요.

달걀덮밥의 '머리'

오늘 메뉴는 달걀덮밥입니다. 달걀은 너무 휘젓지 마세요. 젓가락으로 노른자를 깨는 정도면 충분합니다. 파는 색깔을 맞추기 위해 쪽파로 준비했습니다. 그럼 냄비에 육수(농축 간장을 3배로 희석한 것)를 넣

[※] 따라서 생칠(수액을 걸러 습기를 제거한 원액)은 밀폐해두면 굳지 않는다.

^{※※} 떡갈나무 잎은 밥 짓는 잎으로 쓰여 쿠킹시트라고도 불린다.

^{※※※} 호오바야키(朴葉焼き)는 후박나무 잎 위에 된장을 깔고 그 위에 쇠고기, 파, 버섯을 얹어 숯불에 구워 먹는 요리.

습니다. 육수가 끓으면 파를 넣으세요. 30초 정도. 다음은 튀김 부스러기. 이게 달걀덮밥의 비밀입니다. 튀김 부스러기를 올리면 '머리'(규동가게에서 쓰는 말로 밥 위에 올리는 재료를 말한다) 전체를 부드럽게 해줍니다. 또 튀김 부스러기가 육수를 머금어 수분을 많게도 합니다. 자, 이번엔 달걀을 넣으세요. 네, 뚜껑을 덮고 불을 끈 다음 남은 열로 좀 더 끓입니다.

그 사이에 그릇에 밥을 담습니다. 그리고 앞에서 만든 '머리'는 뒤집지 말고 그대로 옮겨 밥 위에 올립니다. 자, 완성됐습니다. 이런 식으로 흰자와 노른자가 나눠져야 합니다. 간장은 원하는 대로 넣으세요. 많든 적든 상관없습니다. 그리고 산초가루를 뿌리세요. 간단한 반찬으로 배추절임을 준비했습니다.

밥하고 배추절임만 먹어도 됩니다. 고지혈증이 있는 사람은 달걀은 되도록 피하세요. 달걀에는 콜레스테롤이 많으니까요. 달걀, 명란젓, 성게도 먹으면 안 돼요. 알과 관계된 음식은 전부 금지입니다.

알은 왜 전부 콜레스테롤 수치가 높냐고요? 좋은 질문입니다. 바로 알이기 때문입니다. 알은 수정하면 1개의 세포가 2개로, 2개가 4개로 분열해 그 수를 늘려갑니다. 그때마다 필요한 건 뭘까요? 세포와 세포를 구별하는 세포막입니다. 콜레스테롤과 인지질이 바로 세포막의 재료입니다.[16] 따라서 알은 미리 그 재료를 비축하고 있습니다.

현대 진화학 연구자 중에 카키색 반바지 차림에 허리에 해머를 차고 탐험을 떠나 화석을 찾아내서는 어두운 표본실에 틀어박혀 상상의 나래를 펴는 사람은 그리 많지 않다. 최신기기가 갖춰진 실험실에서 DNA를 추출하고 시퀀서로 염기 배열을 분석한 결과를 유전자뱅크의 데이터와 대조해 차이를 계산하는 실험학자가 대부분이다.

물론 DNA는 현생의 생물에서만 채취할 수 있기 때문에, 현생생물 2종 사이의 연관 관계를 계산해 그로부터 진화사를 복원한다. 이러한 현대과학을 '분자계통학molecular phylogeny'이라고 한다. 영화〈쥬라기 공원〉에서는 호박에 갇힌 흡혈곤충에서 티라노사우루스의 DNA를 채취했지만 현실에서는 아직 불가능하다. 그리고 이런 분석에서는 DNA가 복제될 때 오류가 발생할 확률은 일정하다는 전제를 둔다.

DNA는 아데닌(A), 티민(T), 구아닌(G), 사이토신(C) 4종류의 핵산염기라는 분자그룹이 일렬로 연결된 거대하지만 단순한 분자다. A는 T, T는 A, G는 C, C는 G와 짝이 되어 복사하기 때문에 복사의 복사는 원래 자신이 된다. 따라서 이 배열순서는 바뀌지 않는다. 이것이 유전의 실제 모습이고 핵심이다.

하지만 모든 일에는 오류가 생기기 마련이다. 10만 번 혹은 100만 번에 1번 정도는 짝을 잘못 찾거나 뛰어넘기도 한다. 그러면 새롭게 만들어진 배열순서는 바뀐 채로 계승된다. 이것을 '유전자의 돌연변이'라고 한다. 예전에는 돌연변이가 일어날 때마다 생물의 형태나 성질이 변하고 그것이 생존에 유리하게 혹은 불리하게 작용해 우성과 열성을 만드는데 그것이 진화라고 생각했다(자연선택설).

하지만 최근에는 돌연변이는 많은 경우 전혀(혹인 대부분) 영향을 미치지 않고 변이가 다수 축적되었을 때 비로소 우성, 열성의 차이를 나타낸다고 보고, 이것을 '(분자 진화의) 중립설'이라고 한다. 이는 일본 국립유전학연구소의 기무라 모토오(1924~1994)와 오타 도모코(1933~)가 제창해 현재는 통설이 되었다.

따라서 DNA에서 돌연변이가 일정한 비율로 일어나도 생물에 미치는 영향은 단속적이다. [⌐] DNA 변이가 일정하게 일어난다면 생물 2종을 택해 DNA가 몇 개나 다른지 조사해 변이 발생률과 1세대에 해당하는 연수를 곱하면 몇만 년 전에 나뉘었는지를 추측할 수 있다(모든 유전자를 비교하기는 힘드니까 몇 개만 선택해 유전자를 비교한다). 10개의 DNA가 다르면 5개의 DNA가 다른 것보다 2배 전에 나뉘었다고 볼 수 있다. 이렇게 유연관계를 계산해 만든 그림 5-4와 같은 관계도를 '분자계통수'라고 한다.

그 결과 인간은 원숭이가 아니라 다람쥐에서 진화했다는 결과가 나왔다면 큰일이지만, 분석 결과는 다행히 화석이나 형태의 특징으로 추측한 지금까지의 계통수와 대체로 일치한다. 이는 화석계통학이 옳다는 것을 뒷받침해준다. 19세기 초에 벌써 이런 예측을 한 조르주 퀴비에는 정말 대단한 사람이다.

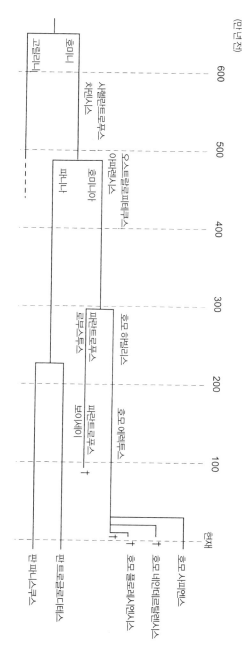

그림 5-4 사람과 동물의 진화 과정을 나타내는 분자계통수. 시간은 왼쪽(600만 년 전)에서 오른쪽(현재)으로 흐른다.
호미니니(Hominini): 사람족('좁은 사람'과(Hominiade) 아래 사람아과(Homininae)의 하위 분류
고릴리니(Gorilini): 고릴라족
호미니아이(Hominina): 사람아족('이족'은 '좁은 뜻의 사람 분류)
파니나(Panina): 침팬지아족

앞에서 진화학자 중 우리가 생각하는 그런 탐험가형 연구자는 적다고
했다. 침이 마르기도 전에 말을 바꾸는 게 좀 멋쩍기는 하지만, DNA 채
취는 현생생물(제브로이드나 도도새처럼 최근에 멸종된 동물은 박제나 유
해가 남아 있으면 어느 정도는 DNA 채취가 가능하다. 매머드도 가능하다)
에서만 가능하기 때문에 인간의 진화에 관한 연구는 역시 탐험가 스타
일에 의지하는 수밖에 없다.

인간은 지구상에 살아가고 번식하는 동물로, 호모 사피엔스 단일종
이다. 피부색이 다른 것은 아종 간에 있는 아주 미세한 개체 차이일 뿐이
다. 따라서 인간은 계통 비교를 할 수 있는 다른 인간이 현재 존재하지
않는다.

인간과 분자계통을 비교할 수 있는 가장 가까운 대상은 대형유인원
(침팬지, 고릴라, 오랑우탄)이다(그림 5-4). 그들과 인간의 유전자를 비
교한 결과, 기존 이론에서 예측한 대로 침팬지가 인간에 가장 가깝다고
한다. 인간이 공통 선조로부터 침팬지와 나뉜 건 487±23만 년 전으로
추정된다. 이 무렵의 화석으로 알 수 있는 인간과 동물의 선조는 사헬란
트로푸스 차덴시스*Sahelanthropus tchadensis*이기 때문에, 사헬란트로푸스 차
덴시스가 아마도 공통의 선조일 것이다(사헬란트로푸스 차덴시스가 나
뉜 직후의 인간이라는 주장도 있다).

물론 예전의 침팬지도 진화한 현재의 침팬지와 다르다. 침팬지는 분화 뒤 독자적으로 진화하다가 233±17만 년 전에 현생의 침팬지 2종으로 나뉘었다. 보통 침팬지*Pan troglodytes*와 보노보, 피그미 침팬지*Pan paniscus*다. 인간과 침팬지의 공통 조상이 고릴라의 조상과 나뉜 것은 656±26만 년 전이고, 인간, 침팬지, 고릴라의 공통 조상이 오랑우탄의 조상과 나뉜 건 1300만 년 전으로 추정된다.

하지만 앞에서도 말했듯이 인간의 진화사는 DNA의 비교 대상이 없기 때문에 화석과 지질조사에 의지할 수밖에 없다. 연대도 유효숫자 마지막 자릿수 정도만 논할 수 있다.

인간과 침팬지의 공동 조상에서 인간 쪽으로 분명히 한 걸음 내민 것은 오스트랄로피테쿠스 아파렌시스*Australopithecus afarensis*(화석은 400만~300만 년 전의 것이다)로 직립보행에는 성공했지만, 뇌의 부피는 아직 작아 400밀리리터 정도였다. 오스트랄로피테쿠스 아파렌시스는 300만 년 전에 호모 하빌리스(화석은 230만~140만 년 전)와 파란트로푸스 로부스투스(화석은 200만~120만 년 전)로 나뉘고, 전자가 현생인류의 길을 걷는다.

후자는 파란트로푸스 보이세이(화석은 150만~120만 년 전)로 진화하지만, 100만 년 전에 멸종했다. 뇌의 부피는 호모 하빌리스가 진화한 호모 에렉투스(직립원인. 예전에는 피테칸트로푸스猿人라고 했지만, 명백히 인간이기 때문에 개명되었다. 화석은 140만 년 전) 때 커졌다.

400밀리리터 뇌를 가진 파란트로푸스 로부스투스와 파란트로푸스 보이세이가 멸종한 이유는 600밀리리터 뇌를 가진 호모 하빌리스와

1000밀리리터 뇌를 가진 호모 에렉투스가 등장했기 때문일 가능성이 크다.

호모 에렉투스는 아프리카에서 나와 전 세계로 뻗어갔다. 그 이후에는 지리적 특성에 맞춰 독자적으로 진화했다. 유라시아에 온 호모 에렉투스는 20만 년 전쯤 뇌의 부피가 1600밀리리터인 호모 네안데르탈렌시스(네안데르탈인)가 되고, 남아시아의 크고 작은 섬으로 들어간 호모 에렉투스는 10만 년 전쯤 호모 플로레시엔시스가 된다. 일반적으로 플로레스인이라고 불리는데, 아직 두개골이 발견되지 않아 뇌의 부피는 정확하게 알 수 없다

한편 아프리카에 남은 호모 에렉투스는 25만 년 전쯤 1400밀리리터의 뇌부피(네안데르탈인보다 작다)를 지닌 호모 사피엔스(현생인류)가 되고, 20만 년 전쯤부터 다시 아프리카를 나와 세계로 확산됐다. 따라서 호모 사피엔스와 네안테르탈인과 플로레스인은 (혹은 아직 남아 있는 호모 에렉투스도) 공존하기 때문에 직접투쟁이나 간접투쟁(한정된 자원 쟁탈전)이 일어나 호모 사피엔스가 최종적으로 경쟁에서 살아남았다 (네안데르탈인은 2만 4000년 전, 플로레스인은 호모 사피엔스가 슬슬 역사시대로 들어가기 시작한 1만 2000년 전까지 생존했다). 혹은 경계지역에서 교배가 이루어져 호모 사피엔스로 흡수되었을 가능성도 있다. 호모 사피엔스가 네안데르탈인을 이긴 건(뇌의 부피로만 보면 네안데르탈인이 더 영리하다) 단순히 네안데르탈인보다 자식을 많이 낳았기 때문일지도 모른다.

화석의 비교는 분자계통을 따질 때처럼 정량적으로 논할 수 없기 때

문에 화석의 어떤 특징을 중시하는지, 뇌의 부피나 턱과 치아, 두개골과 경추는 어떻게 연결되었는지, 상안와융기(눈썹뼈), 팔과 다리의 길이 비교 등에 따라 연구자마다 견해가 다르다.

여기까지 소개한 건 현재 다수파의 설로, 아직까지는 가장 유력한 하나의 이론이다. 만약 앞으로 새로운 화석이 발견된다면, 이 이론도 크게 바뀔 수 있다. 또한 최근 네안데르탈인의 화석 DNA에서 게놈 해석이 가능하다는 보고가 있었다.[19] 보고에 따르면 호모 사피엔스는 네안데르탈인과 공통 선조, 즉 호모 에렉투스에서 55만 년 전에 나뉜 것으로 추정된다. 이 숫자는 화석으로 추정한 것보다 더 오래전으로 올라간다.

6강

명절 요리 이야기

HOLIDAY DISHES

이제 곧 한 해의 마지막입니다. 먹고 자기만 하면 살만 찝니다. 여러분도 집에만 있지 말고 밖으로 나가보세요. 이 시기에는 특히 모임이 많습니다. 이때 먹는 요리를 한번 생각해봅시다.

프라이드치킨과 칠면조

크리스마스 하면 치킨이 먼저 떠오릅니다. 이유가 뭘까요? 예수님과 치킨은 어떤 관계가 있을까요? 서양의 다른 나라에서도 닭을 먹을까요? 대답부터 하자면 세계 어느 나라도 크리스마스에 치킨을 먹지 않습니다. 이를테면, 덴마크에서는 껍질이 붙은 삼겹살을 먹습니다 (그림 6-1). 즉, 크리스마스에 치킨을 먹는 나라는 일본뿐입니다.

일본은 왜 크리스마스에 치킨을 먹을까요? 대답은 간단합니다. 1974년부터 켄터키프라이드치킨Kentucky Fried Chicken, KFC에서 '크리

그림 6-1 덴마크에서 크리스마스에 먹는 요리인 플레스커스타이 (flæskesteg)

스마스는 치킨과 함께'라는 캠페인을 펼쳤습니다.¹ 그런데 이것만으로는 설명이 충분치 않습니다. KFC는 왜 이런 캠페인을 벌였는지, 당시 일본인은 왜 그것을 받아들였는지까지 알아야 합니다.

미국에는 11월 마지막 주 목요일, 추수감사절에 칠면조를 통째로 구워 크랜베리소스를 뿌려 먹는 전통이 있습니다.² 칠면조는 몸길이가 닭의 2배나 됩니다. 부피는 8배나 큽니다.³ 즉, 여럿이 모여 함께 먹는 요리로 적합합니다.⁴

그럼 미국의 추수감사절에 해당하는 일본 행사로는 뭐가 있을까

---

* 칠면조(*Meleagris gallopavo*), 그중에서도 특히 수컷은 거대하다. 키가 1m, 몸무게가 10kg이나 된다. 북미가 원산지인 치계과(雉鷄科)의 새다. 북미 지역 새인데 터키라는 이름이 붙은 것은 북미대륙에 처음 온 영국인들이 이 새를 터키에서 들여온 뿔닭으로 착각해서 붙였다고 한다. 날지 않고(날지 못 했던 건 아니다) 잡식성이기 때문에 북중미의 원주민이 가축화했다.

** 큰 목소리로 울어 상당히 시끄럽다. 집에서 구우면

한 번에 다 먹을 수 없을 만큼 양이 많아 일주일 내내 식탁에 오른다. 맛이 없지는 않지만 금세 질린다. 고단백 저지방 식품인데 아쉽다. 닭(*Gallus gallus*)도 마찬가지로 치계과다.

*** 칠면조 요리의 시작은 추수감사절이지만 부활절과 크리스마스에도 칠면조 요리는 등장한다. 찰스 디킨스의 《크리스마스 캐럴》(1843년)에서 크리스마스이브에 마음을 고쳐먹은 스크루지 영감이 가난한 서기 크래칫에게

요? 니이나메사이新嘗祭라는 수확제가 아주 오랜 옛날부터 있기는 하지만°°° 이는 궁중 행사로 서민들의 축제는 아닙니다. 그리고 애당초 칠면조는 일본에서 쉽게 구할 수 없는 식재료입니다.

하지만 일본에서 고도성장이 한창이던 1970년대 도시의 중산층에서는 뭔가 즐기고자 하는 욕구가 솟구쳤습니다. 네, 바로 버블입니다. KFC의 커넬 아저씨Colonel Harland Sanders는 그 시민들의 욕구를 재빠르게 파악했습니다.°°°° 마을의 수호신을 기리는 가을축제용 캠페인이어도 나쁘지 않았을 테지만, 솜사탕 포장마차 옆에서 파는 닭튀김은 어딘가 좀 세련된 맛이 없었을 겁니다. 백화점에 들렀다 집에 가는 길엔 역시 프라이드치킨이죠. 일본에서 세련된 축제라고 하면 크리스마스를 빼놓을 수 없습니다. 그렇게 크리스마스에 프라이드치킨을 팔게 됐습니다.

1970년 나고야에 문을 연 KFC는 미국 도시문화의 상징이었습니다. 지금은 수많은 패스트푸드 체인 중 하나이지만 당시 KFC는 굉장히 특별했습니다. 커넬 아저씨의 미국 축제를 모방한 이미지 전략은 딱 맞아 떨어졌고, 금세 일본의 풍속으로 정착했습니다. KFC도 이렇게까지 되리라고는 예측하지 못했을 겁니다. 버블의 영향일 수도 있

준 크리스마스 음식이 칠면조 요리다.

°°°° 니이나메사이(新嘗祭)는 일왕이 천신에게 햅쌀과 햇술을 바치는 궁중 제사로, 아스카시대(서기 7세기)부터 현재까지 이어지고 있다. 2차대전 후 근로감사의 날로 바뀌어 지금도 경축일(11월 23일)이다. 일본 경축일은 대부분 왕실과 관련이 있다. 설날은 사방절, 건국기념일은 진무 일왕이 즉위한 날, 춘분과 추분은 역대 일왕을 제사 지낸 궁중제사, 일왕탄생일은 일왕의 생일, 쇼와의 날은 쇼

와 일왕의 생일, 문화의 날은 메이지 일왕의 생일이다.

°°°°° 커넬 할랜드 데이비드 샌더스(1890~1980)는 1920년대 미국 대공황 시기에 켄터키주의 한 도로변에서 프라이드치킨을 팔았다. 프랜차이즈 사업의 가능성을 확인하고는 1952년 켄터키 프라이드 치킨(KFC)을 창업했다. 커넬은 켄터키주에서 붙여준 애칭이다.

습니다.

물론 1960년대에 도시의 중산층 일부에서는 "미국에서는 축제 때 칠면조 통구이를 먹는다고 하더라. 무슨 날인지는 잘 모르겠지만, 크리스마스라나 뭐라나" 하는 어설픈 지식과 "일본에서는 칠면조를 구하기 힘드니까 (혹은 오븐이 작으니까) 닭으로 대신하자" 하는 미국을 따라 하는 분위기가 있었습니다. 어렸을 적에 KFC 캠페인이 있기 10년 전인 1964년 크리스마스이브에 어머니가 집에서 통닭을 구워준 적이 있습니다. 상사에 다니던 아버지가 알려줬든지 ICU(국제기독교대학)에 다니던 누이가 알려줬든지 할 겁니다. 여하튼 KFC는 '굿 타

그림 6-2 왐파노아그족의 마사소이트 추장이 이민자들을 위문하고 있다. 그 이듬해에 이민자들이 감사의 뜻으로 원주민에게 칠면조 요리를 대접했다는 설이 있지만 믿기 어렵다. 칠면조는 북아메리카에서 원래부터 살던 새인데, 이주민이 1년 만에 가축화했을 리가 없기 때문이다. 가축화는 원주민이 했을 것이다.

이밍'이었습니다.

자, 좀 더 생각해볼까요? 첫 번째, 추수감사절에 왜 칠면조를 먹을까요? 두 번째, 일본에서 크리스마스를 기념하는 풍습은 KFC가 들어오기 이전부터 있었을까요?

우선 첫 번째 질문은 1620년 11월, 메이플라워호가 영국 청교도 102명을 싣고 케이프코드에 난파나 다름없이 도착했을 때부터 시작합니다.* 그들은 부푼 희망을 품고 건너왔지만 신대륙의 자연은 잔혹했습니다. 뉴잉글랜드의 황폐한 땅에 보리는 자라지 않았고 겨울은 생각보다 빨리 찾아왔습니다. 새로운 환경에 대해 아무런 지식도 없이 건너온 그들이 얼마 되지 않는 수확물을 제단에 올리고 신에게 비는 비통한 모습은 마음씨 착한 원주민들의 동정을 샀습니다. 왐파노아그족의 족장은 그들에게 조언과 격려의 말과 함께 당장 먹을 칠면조와 내년을 위해 옥수수를 나눠줬습니다(그림 6-2).[5]

추수감사절의 본래 뜻은 구세주인 신에게 감사하는 날이지만 실제로는 목숨을 구해준 원주민에게 고마움을 표한 날이었습니다. 구사일생으로 살아난 이주민과 그 후손들은 그로부터 19세기 중반까지 250년 동안 말과 총으로 마음씨 착한 원주민을 서쪽으로 서쪽으

---

* 실은 이미 1607년부터 영국인은 아메리카대륙으로 이주를 했다. 식민지 확장을 추진한 제임스 1세의 이름을 따서 그 마을을 제임스타운이라 하고, 그 마을을 포함한 일대를 당시 처녀 국왕이었던 엘리자베스 1세와 연관지어 버지니아라고 했다. 메이플라워호는 이 땅을 목적지로 출범했다.⁺ 초기 이민자 중에 여성은 극히 소수였다.

식민 사업이 성공하는데 가장 중요한 과제 중 하나가 바로 차세대 육성이다. 그 결과, 미국에서는 여성을 우대하는 (어떨 때는 과도할 정도까지) '레이디퍼스트' 관습이 생겼다. 본국인 영국이나 유럽에는 평등주의는 있어도 우대주의는 없다.

로 내쫓고 학살하고 정복해 힘과 자유의 이상향 미합중국을 세웠습니다.*

두 번째, 일본에는 성탄절이 1549년에 처음으로 종교행사로 들어왔지만, 당시에는 가톨릭교의 성사일 뿐이었습니다.** 지금처럼 성탄절이 민중이 다 함께 즐기는 축제로 뿌리내린 것은 1920년대 후반이었습니다. 새롭다면 새롭지만, 오래됐다면 또 오래됐습니다.

1912년부터 1936년까지 일본은 다이쇼데모크라시***라는 작은 버블이 생기면서 도시문화가 개화했습니다. 우리 아버지(1915년생)는 종종 이런 말씀을 하셨습니다. "전쟁 전이 어두운 시대였던 것처럼 말하지만, 1920년대 중반에는 전혀 그렇지 않았다. 2·26사건(1936년)****과 루거우차오盧溝橋사건(1937년)*****이 있기 전까지는 굉장히 풍요롭고 밝은 시대였어." 크리스마스도 서양문물을 쫓으려는 도시문화의 하나였습니다. 1927년부터 12월 25일이 법정공휴일******이 되면서 그런 경향은 더욱 확산되었습니다.

---

* 왐파노아그족 자손들은 지금도 매년 추수감사절에 맞춰 아메리카원주민에 대한 애도행진을 한다.[6]

** 에스파냐 출신의 예수교 선교사 프란시스코 자비에르가 일본에 처음으로 기독교를 전도했다.

*** 일본에서 다이쇼 일왕(1912~1926년) 시기에 정치, 경제, 사회 각 부문에 생겨난 자유주의와 민주주의 경향.

**** 일본 육군의 전체주의, 국가주의, 팽창주의 성향의 황도파 청년 장교들이 1438명의 병력을 이끌고 벌인 쿠데타. 이 사건 이후 군부와 결탁한 군국주의 파시즘 정권이 자리잡았다.

***** 중국과 일본 양국 군대가 충돌하여 중일전쟁의 발단이 된 사건이다. 루거우차오(노구교)는 베이징에 있는 다리 이름이다.

****** 1927년부터 1947년까지, 12월 25일은 일본에서 법정공휴일이었다. 사실은 이 날이 전 일왕이었던 다이쇼일왕의 제삿날이었기 때문이었다.* 그것을 폐지

크리스마스에는 왜 케이크를 먹을까

크리스마스 하면 떠오르는 또 다른 음식은 바로 크리스마스 케이크입니다. 예수님과 케이크는 무슨 관련이 있을까요? 로스트치킨이 KFC의 판매전략이었다면 케이크도 케이크 가게의 판촉일까요? 네, 맞습니다.

크리스마스에 특별한 빵이나 과자를 먹는 풍습은 다른 나라에도 있습니다. 프랑스는 부슈 드 노엘••••••••을, 독일은 슈톨렌••••••••을, 산타할아버지의 고향인 핀란드에서는 욜루또르또를 먹습니다 (그림 6-3).•••••••••• 하지만 생일 케이크 모양의 크리스마스 케이크를 먹는 나라는 일본뿐입니다. 일본 양과자 업계의 선구자인 후지야가 1920년대 중반에 도쿄의 중산층 가정에 퍼뜨렸다고 합니다.[11]

후지야不二家는 1910년 후지이 린에몽(1885~1968)이 요코하마 모토마치에 연 양과자점이 기원이었습니다. 후지이는 스펀지케이크에 휘핑크림을 바르고 딸기를 올린 쇼트케이크를 발명했다고 합니다

한 사람이 더글러스 맥아더다. 하지만 당시에도 사람들은 12월25일을 전 일왕의 제삿날이 아니라 크리스마스로 즐겼다.

•••••••• 장작 모양을 한 크리스마스 케이크. 롤케이크에 코코아크림을 듬뿍 바르고, 포크를 꽂아 전나무 가지흉내를 내기도 한다. 버섯을 올리기도 한다.[8]

•••••••• 건포도와 말린 과일, 견과류를 반죽에 넣어 만든 빵. 눈을 뒤집어쓴 마구간처럼 표면에 가루설탕을 묻히기도 한다.[9] 크리스마스보다 강림절(크리스마스 4

주 전부터 매주 일요일에 하는 일종의 카운트다운 행사)에 먹는다.

•••••• 한입에 먹을 수 있는 자그마한 과일 파이.[10]

그림 6-3 크리스마스에 즐기는 빵 혹은 과자다. 위에서부터, 부슈 드 노엘, 슈톨렌, 욜루또르또. 이밖에 미국에서 즐기는 집 모양의 진저쿠키, 영국의 크리스마스 푸딩, 러시아의 프라니크 등 수없이 많지만, 생일 케이크 모양의 홀 케이크는 일본뿐이다.

(다른 설도 물론 있습니다).

1923년 8월, 후지이는 도쿄 긴자에 지점을 열고 슈크림과 쇼트케이크를 팔기 시작했지만, 채 한 달도 되지 않아 관동대지진으로 가게가 무너졌습니다. 하지만 가건물을 세워 빠르게 문을 열고 명성을 찾았습니다. 쇼트케이크는 유통기한이 짧아 쇼트short라고 할 정도로[12] 며칠씩 보관할 수 없었습니다. 당시는 가정에 냉장고가 없었습니다. 간판상품이 모자라도 곤란하지만, 남아도 곤란합니다. 쇼트케이크를 사 가는 손님은 주로 생일케이크용으로 사갔는데, 아무리 인구가 많은 관동지역이라 해도 사람들이 매일 생일케이크를 사러 올 리는 없습니다. 그래서 후지이는 다음과 같은 생각을 했을 겁니다, 아마도 분명히. "크리스마스는 예수 그리스도의 탄생일이라고 들었다." 크리스마스에 예수님의 생일케이크를 팔면 팔리지 않을까?" 일본의 크리스마스 케이크가 생일케이크 모양인 이유를 이제 알겠죠? 생일케이크에는 주인공의 나이만큼 초를 꽂지만 1930개를 꽂을 수는 없으니 생략했습니다.

앞에서도 말했지만 1920년대 중반의 일본은 평화롭고 풍부한 시대였기 때문에 도시의 모던한 취미는 순식간에 퍼졌습니다. 아버지 말씀에 따르면 크리스마스이브에 케이크를 사서 집으로 돌아가는 모습은 1935년에는 이미 도쿄 샐러리맨(아버지 본인) 사이에 정착했습니다.

마리 앙투아네트는 빵이 없으면 케이크를 먹으면 되지 않느냐고 했다가 민중의 원망을 샀다지만, 빵은 케이크, 그러니까 스펀지케이크나 카스텔라와는 완전 다릅니다. 빵은 효모가 발효하면서 이산화탄소 버블이 만들어지고, 밀가루에 함유된 단백질(글루텐)도 그대로 있습니다. 하지만 케이크에는 효모도 글루텐도 등장하지 않습니다. 스펀지케이크의 거품은 처음에 달걀 거품 낼 때 생긴 공기입니다. 밀가루는 글루텐 함량이 적은 박력분을 사용합니다. 그 적은 글루텐조차 가능하면 서로 얽히지 않도록** 휘젓지 않습니다. 즉, 케이크를 만들 때는 찰기를 최소한으로 합니다.

그럼 거품을 유지할 수 없지 않으냐고요? 아닙니다. 그건 달걀의 단백질이 대신해줄 겁니다. 하지만 달걀 흰자의 알부민은 구형의 단

* 크리스마스는 하느님의 아들 예수의 탄생을 축하하는 날이지 예수가 태어난 날은 아니다. 축하는 언제라도 좋다. 러시아정교에서는 1월 7일에 축하한다.[13]

** 빵 반죽은 밀가루에 들어 있는 단백질인 글루테닌과 글리아딘을 서로 얽히게 해서 밧줄 모양으로 만드는 작업이다. 글루테닌과 글리아딘을 합쳐 글루텐이라고 한다.

백질로 서로 잘 얽히지 않고, 노른자의 비텔린은 버터를 균일하게 분산시키는 게 주요 역할로, 거품 유지에는 별 도움이 되지 않습니다. 따라서 케이크를 처음 만드는 사람들은 종종 오므라드는 스펀지케이크를 만드는 실수를 저지릅니다.

실패하지 않는 스펀지케이크 만드는 법을 생물학적으로 설명하면 두 가지 포인트가 있습니다. 첫째, 가능한 한 거품을 딱딱하게 만들면 됩니다. 열심히 저어주면 공기가 알부민과 충분히 접촉해 단백질 표면에 계면변성 작용이 일어납니다. 둘째, 오븐을 예열합니다. 거품이 생겼을 때 망가지기 전에 단숨에 알부민을 열변성시키기 위한 겁니다.*

정월에 먹는 요리들

크리스마스가 끝나면 정월입니다. 섣달 그믐날에는 도시코시소바年越しそば**를 먹습니다. 도시코시소바는 에도시대(1603~1867)부터 있었습니다. 상점들은 매달 말일은 결산하느라 바빠서, 요리를 만들 시

---

* 그 외에, 밀가루를 체에 치면 밀가루 반죽이 뭉치는 것을 막을 수 있고, 입자와 입자 사이에 공기가 들어가 반죽 시간을 줄일 수 있다. 하지만 이것은 생물학적 이유는 아니다.

** 도시코시소바는 일본에서 섣달 그믐날 먹는 메밀국수이고, 오세치는 정월에 먹는 특별 요리를 말한다.

*** 소바는 처음에는 메밀가루를 국물에 타서 먹었다. 국수로 만들어 먹기 시작한 건 에도시대 중기부터다. 매

간도, 먹을 시간도 부족해 빨리 만들어 금방 먹을 수 있는 소바를 즐겨먹었습니다. 이렇게 매달 말일에 먹던 소바가 도시코시소바의 기원입니다. 에도시대 중기 이후에는 '소바의 면처럼 얇고 길게 오래오래 행복하게 사세요',*** 아니면 반대로 '소바 면은 끊어지기 쉬우니 지난 한 해 동안 힘들었던 일은 모두 끊어버리세요'하는 이유를 붙여 일반인도 먹기 시작했습니다.

새해 첫날 먹는 요리는 오세치御節라고 합니다. 오세치란 명절에 먹는 음식이라는 뜻의 오세치쿠御節供의 준말입니다.**** 명절은 1월 7일(진지쓰), 3월 3일(죠시), 5월 5일(단고), 7월 7일(시치세키), 9월 9일(조요)로 일 년에 다섯 번 있어, 각 명절마다 특유의 오세치 요리가 있습니다. 하지만 지금은 진지쓰 오세치만 남아, 보통 오세치라고 하면 정월 한달 동안 먹는 음식을 말합니다. 따라서 실은 정월 초사흘 동안 이 요리를 다 먹어치우면 안 됩니다. 추운 계절이기는 하지만 그래도 상당 기간 보관해야 하기 때문에 음식 맛이 짜고 진합니다.

특히 진지쓰 오세치가 유난히 풍성한 것은 신년에 지내는 풍년기원제와 겹쳐 음복잔치*****로 새해 손님들과 함께 먹는 잔치 요리이기 때문입니다. 대부분이 식사라기보다 술안주인 것도 신주와 함께

달 말일에 먹던 소바도 예전에는 죽(메밀 죽)이나 경단(메밀 수제비) 혹은 오코노미야키(볶음 메밀국수, 요즘으로 말하면 크레이프 케이크)처럼 먹었다.[14]

**** 궁중에서 궁녀들은 그들만의 용어를 사용했다.

주걱, 장난감 같은 말은 일반 서민들에게도 퍼졌다.

***** 의식을 마친 뒤 신에게 올린 술이나 요리를 참가자 전원이 나눠 먹는다. 공동체가 함께 먹고 마시는 의례다.

그림 6-4 검은콩을 잘 삶는 비법은 말린 콩을 생콩과 삼투압이 같도록 간을 한 물에 불려 콩을 원래 상태로 되돌리는 것이다. 삼투압이 낮으면 통이 너무 부풀어 껍질이 갈라지고, 삼투압이 너무 높으면 콩을 원래 상태로 되돌릴 수 없다. 각주에 적혀 있는 대로 간장과 소금을 넣은 물에 콩을 하루 동안 담근다. 콩의 양에 상관 없이 물의 농도는 변하지 않는다. 그 뒤 약한 불에서 끓여 분자 운동을 높여 준다. 물이 졸아들어 삼투압이 높아지면 물을 더 부어 농도를 유지한다.

올리는 신찬이기 때문입니다. 전국 각 지역마다 조금씩 다르기는 하지만 메인 요리는 같습니다.

우선 검은콩은 대두입니다. 맥주 안주로 먹는 풋콩이나, 세쓰분節分에 잡귀에게 던지는 볶은 콩•과 같은 종류입니다. 대두 중 껍질에 안토사이아닌을 특히 많이 지닌 품종을 검은콩이라고 합니다.

검은콩 껍질을 벗기지 않고 부드럽게 얼마나 잘 삶는지가 주부의 자랑이던 시절도 있었습니다. 각 가정에서는 어머니가 딸에게, 시어머니가 며느리에게 집안에 내려오는 비법을 전수해주기도 했습니다. 하지만 이제는 화학적으로 그 방법이 다 알려져 있습니다.••15 그 뒤로 가정에서 시어머니의

• 일본에서는 입춘 전날인 2월 3일에 콩을 뿌리며 귀신을 내쫓는다.

•• 요컨대 마른 검은콩을 생두와 삼투압이 같은 물에 담가 복원한다는 개념이다. 설탕 250g(0.73mol), 간장 1/4컵 혹은 50mL(NaCl 9g은 0.15mol), 소금 큰 수저로 절반(NaCl 8g은 0.13mol) 탄산수소나트륨 작은 수저로 절반(NaHCO$_3$ 1.5g은 0.02mol)을 물 10컵(2L)에 녹인다. 이 물의 농도를 몰농도로 환산하면 0.5mol/L(1.03mol/2.05L)다.

권위가 약해졌다는 말도 있죠.

긴통金団은 찐 콩과 고구마를 으깨어 만든 음식입니다.*** 설탕을 충분히 넣어 윤기를 냅니다. 칼로리를 줄이고 싶다고 설탕을 줄이면 윤기가 없어 맛이 없어 보입니다. 칼로리를 생각한다면 설탕을 줄이기보다 먹는 양을 줄이는 게 좋습니다.

고구마 자체가 노란색이지만 좀 더 노랗게 하고 싶으면 치자나무 열매를 넣고 끓입니다. 치자나무 색소인 크로신은 파에야를 노랗게 물들이는 사프란의 색소와 같은 물질입니다. 하지만 사프란은 너무 비싸기 때문에 스페인 레스토랑에서도 파에야를 만들 때 치자나무나 심황(터머릭)으로 대체하는 경우가 많습니다. 다만 색은 같아도 향이 다르기 때문에 금세 들킵니다. 그럴 때는 치자나무 열매는 간 건강에 좋은 생약이기 때문에 괜찮다고 하면 됩니다. 치자나무의 생약명은 산치자입니다.

가마보코는 가늘게 자른 대나무에 으깬 어육을 꽂아 굽거나 찐 요리입니다. 부들의 이삭과 닮아서 가마보코蒲鉾라고 합니다.****

부들 이삭은 잘게 부수면 솜털이 튀어나옵니다. 이런 느낌입니다 (그림 6-5). 그리고 가운데 사진 중 왼쪽 음식은 가마보코가 아니라

*** 구리(일본어로 밤)긴통이라고 해서, 감자 대신 밤을 넣은 으깬찐감자 정도로 생각하면 안 된다. 나가쓰가와의 전통과자로, 전부 밤으로 만든 구리긴통은 실제로 있다.[17]

**** 부들은 일본어로 가마(かま, 蒲)다. 이삭은 일본어로 보코(ぼこ, 鉾)다.

***** 으깬 생선살을 대꼬챙이에 꽂아 굽거나 찐 음식.

그림 6-5 (왼쪽)오사카대학 캠퍼스 안에 있는 부들 이삭. 식물학적으로는 애기부들이라고 한다. (가운데) 치쿠와가마보코(竹輪蒲鉾)와 이타가마보코(板蒲鉾). 덧붙이자면, 장어를 펴지 않고 동그란 채로 세로로 꼬치를 찔러 구운 와일드한 요리를 부들의 이삭과 비슷하다고 해서 가마보코라고 불렀다. 나중에는 가마야키(蒲焼き)로 이름이 바뀌었다.(오른쪽) 부들 이삭

보통 치쿠와竹輪"""""라고 합니다. 치쿠와는 가마보코의 일종이라기보다는 가마보코의 원형이라고 하는 게 맞을 겁니다."

다테마키伊達券도 생선살로 만든 요리입니다. 으깬 흰살 생선을 달걀 노른자와 섞어 두껍게 부칩니다. 식기 전에 발로 둘둘 말면 눌은 자리에 소용돌이 모양이 생깁니다. 다테마키의 발은 마키즈시巻き寿司""의 발과 달리 대나무가 삼각형인데다 두껍습니다. 그래서 바깥쪽이 뾰족뾰족해집니다. 모양만 달라질 뿐, 맛에는 전혀 지장 없습니다.

내가 연구하고 있는 뇌의 해마라는 부분은 기억 형성에 꼭 필요한 뇌 영역입니다. 그런데 그 단면이 다테마키와 비슷합니다. 그래서 우리 집에서는 다테마키를 만들 때 해마와 비슷하게 해마마키를 만듭니다(그림 6-6).

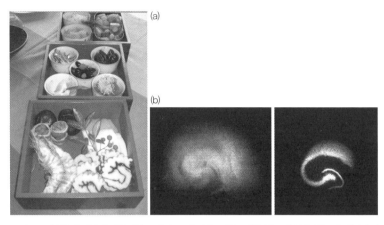

그림 6-6 (a)우리 집안의 전통적인 오세치로, 맨 아래 오른쪽 새우 통구이 옆에 있는 게 해마마끼다. (b)해마의 단면으로, (왼쪽)실험에 사용하는 살아 있는 상태. (오른쪽)위의 조각을 염색해 소용돌이 모양으로 늘어선 신경세포를 강조한 것.

　니시메煮染め란 국물이 없어질 때까지 바짝 조리는 조리법으로, 재료는 뭐든 상관없지만 오세치에서는 채소류를 이용한 다키아와세炊き合せ***를 말합니다. 연근, 죽순, 우엉, 당근, 곤약, 토란, 완두콩, 은행, 표고가 주재료입니다. 이 재료를 푹 졸여 삼투압을 높이면 세균이 번식하는 것을 막을 수 있습니다. 따라서 수분이 많은 무는 안 됩니다. 무는 당근과 함께 고하쿠나마스紅白なます를 만듭니다.

---

* 가마보코 중에서 어육을 판 위에 올리면 이타가마보코(板蒲鉾), 대나무 막대기에 꿰어 굽거나 찌면 치쿠와가마보코(竹輪蒲鉾)라고 한다.[18]

** 김이나 얇은 달걀부침으로 만 초밥.

*** 각각 따로 끓인 뒤 모은 것. 함께 끓이면 우엉의 폴리페놀산(주로 클로로겐산)이 모든 식재료를 새까맣게 만든다.

나마스˚는 식초를 넣어 산성이라 세균의 번식을 막고 오래 보존할 수 있습니다.

가즈노코数の子는 청어 알을 소금에 절인 요리입니다. 알이 많기 때문에 자손의 번영을 바라는 뜻이 담긴 음식입니다. 그렇다고 청어가 바닷물고기 중에서 특별히 종을 많이 번식시키는 물고기는 아닙니다. 알을 아무리 많이 낳아도 어른 물고기까지 자랄 확률은 수컷 암컷 한 마리씩뿐입니다. 만약 그렇지 않다면 청어는 번식하든지 절멸하든지 둘 중 하나일 겁니다. 청어뿐만 아니라 대구랑 대구알도, 연어랑 연어알도, 시샤모도 성게도 다 똑같습니다. 이들은 알을 많이 낳지 않으면 살아남지 못 합니다. 그렇게 생각하면 자손 번영과는 전혀 다른 느낌이지요.

오니가라야키鬼殻焼き는 머리가 달린 새우를 껍질째 통으로 구운 요리입니다. 빨간색과 흰색의 줄무늬 덕에 상차림이 더욱 화사해집니다. 하지만 새우나 게는 바다 속에서는 그렇게 화려한 모습이 아닙니다. 바다 속에서는 눈에 띄면 오히려 곤란하기 때문입니다. 이 빨간색은 카로티노이드로 단백질과 결합해 청회색으로 보입니다. 하지만 삶거나 구워서 단백질이 변성되면 카로티노이드가 떨어져 나가면서 빨간색으로 변합니다. 그럼, "새우는 왜 빨간색소를 가지고 있으면서 그것을 숨기는 걸까요?" '깊이 읽기 3'을 참조해주세요.

다시 오니가라야키 이야기로 돌아갑시다. 오니가라야키는 오세치 중에서 가장 먹기 힘든 요리입니다. 귀찮다며 껍질째 입에 넣었다가는 머리 위 이마 부분에 있는 뾰족한 부분인 액각額角에 입안이 찔릴 수 있습니다. 미리 머리와 껍질을 벗기면 먹기 편하겠지만 눈으로 즐기는 맛이 사라지겠죠.

새우처럼 허리가 굽어질 때까지 장수하기를 바란다는 유래로 오세치에 새우를 넣습니다. 하지만 최근에 시중에 파는 오세치에는 새우의 몸을 곧게 펴서 담아 놓은 경우가 적지 않습니다. 이는 본말전도인 셈입니다.

● 중국의 고전 《초사》에 '뜨거운 국에 데더니 냉채마저 불어 마신다(懲羹吹菜)'라는 유명한 시구가 있다. 여기서 냉채(菜)는 오세치의 고하쿠나마스가 아니다. 나마스는 본래는 이탈리아 요리의 카르파초 같이 얇게 저민 날고기나 날생선 요리를 말한다.[19] 당근에 들어 있는 효소인 아스코르비네이스는 무의 비타민 C를 분해하지만, 산성이 되면 아스코르비네이스의 활성이 많이 낮아진다. 그래서 고하쿠나마스는 나름 합리적이다.

KFC 홈페이지를 보면 닭 한 마리를 9등분으로 나눠 조리한다고 한다. 12조각이나 있다면 닭 한 마리는 다 있다고 할 수 있다. 가슴, 갈비, 날개에는 가슴살이 있는데, 흰 살(백색근)이다. 미오글로빈이 적기 때문에 하얗다. 미오글로빈은 헤모글로빈의 형제뻘인 단백질로 효소를 저장하는 역할을 한다.

그렇다면 가슴살에는 왜 미오글로빈이 적을까? 가슴살은 하늘을 날 때 날개를 내리치는 근육으로, 날아오르는 순간에 크고 빠르게 움직일 필요가 있다. 하지만 그 근육을 항상 사용하지는 않기 때문에 힘을 내는 데 필요한 미오글로빈이 적어도 크게 문제가 되지 않는다. 지금은 닭이 가축화되어 날지 않지만 원래는 닭도 날았기 때문에(지금도 품종에 따라 날 수 있는 닭도 있다) 역시 가슴살의 양은 꽤 많다.

허리와 다리, 이쪽은 이른바 다리살(적색근)이다. 미오글로빈이 많고 감칠맛이 있다. 이유가 뭘까? 다리살은 서서 자세를 유지하기 위한 근육으로 언제나 사용한다. 빨리 움직일 필요는 없지만 힘이 떨어지면 곤란하다. 산소를 유지하는 능력을 높일 필요가 있기 때문에 다리살에는 미오글로빈이 많다.

그럼 이제, 좌우를 잘 구별하면서 뼈를 늘어놓아 보자. 해부도와 비교해 보면서. 오오 성공! 전부 모았다. 복원에 성공했다(그림 6-7). KFC

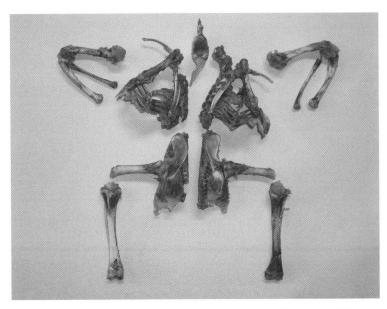

그림 6-7 프라이드치킨의 해부학. 닭을 배 쪽에서 본 모양으로, 사진의 왼쪽이 닭의 오른쪽이다.

에는 날갯죽지가 없다.

척추동물의 팔다리는 물고기의 가슴지느러미와 배지느러미에서 왔다. 당연하게도 지느러미는 앞으로 갈수록 넓다. 따라서 지탱하는 뼈도 많다. 비교해부학의 대가 앨프레드 셔우드 로머(1894~1973)[20]는 척추동물이 물에서 땅으로 올라갔을 때, 처음 팔다리뼈는 상완(하지는 대퇴)에 1개, 팔뚝(종아리)에 2개, 완골(부절)에 근위 3개, 중위 4개, 원위 5개, 중수(중족)에 5개 그리고 손가락(발가락) 5개라고 했다. 이것을 1-2-3-4-5-5-5라고 적으면, 닭의 앞다리는 1-2-1-0-1-4-3(네 번째 발가락과 다섯 번째 발가락이 없다.), 뒷다리는 1-1.5-0-0-0-1-4(다섯 번째

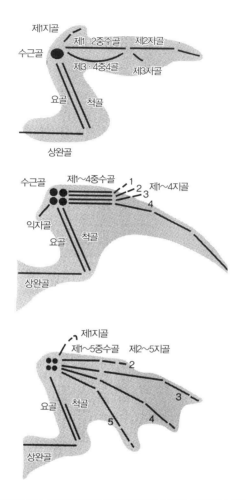

제1지골
수근골 제1・2중수골   제2자골
제3・4중4골   제3자골
요골   척골
상완골

수근골 제1~4중수골 1 제1~4지골
2
3
익지골   4
요골 척골
상완골

제1지골
제1~5중수골 제2~5지골
2
3
요골 척골
5 4
상완골

그림6-8 위에서부터 조류, 익룡(익지골의 기원은 분명하지 않다), 박쥐의 날개 구조.

발가락이 없다)이다.

1.5란 정강이 부분을 가리킨다. 종아리뼈가 무릎에서 나올 때까지는 있지만, 발뒤꿈치에 닿기 전에 가늘어져 사라진다. 좀 더 시간이 지나면 완전히 사라질 수도 있다(좀 더 라고 해도 10만 년 정도는 걸릴 것이다.).

사람은 앞다리가 1-2-3-1-4-5-5, 뒷다리는 1-2-3-0-4-5-5다. 척추동물의 원형과 상당히 가까운데, 대단한 생략이라고 보여진다. 사람도 그만큼 원시적이라고도 할 수 있다.

새 뼈는 그 구성이 티라노사우루스와 같다. 고릴라는 손가락이 4개지만 티라노사우루스는 3개다. 즉, 새는 날기 전부터 손가락이 3개였기 때문에, 새가 된 뒤에 몸을 가볍게 하기 위해 뼈를 줄인 것이 아니다. 이것을 '전적응preadaptation'이라고 한다. 깃털도 그 한 예로, 처음에는 보온장치였는데, 새는 그것을 훗날 비상장치로 사용했다.

현재 새의 날개는 3개의 손가락 중 두 번째와 세 번째를 모은 형태로 선조와의 연결고리를 잇고 있다(그림 6-8). 날개의 대부분은 깃털로, 깃털을 뽑아내면 날개의 형체는 거의 남지 않는다. 제어하기 힘든 설계다.

박쥐는 포유류가 탄생했을 때 갖고 있던 5개의 손가락을 전부 활용했다. 각 손가락 사이에 피막을 쳐서 제어할 수 있는 날개를 만들었다. 게다가 첫 번째 손가락은 날개에 넣지 않고 후크 선장의 인공 손처럼 갈고리로 남겨 손으로도 사용한다. 합리적인 설계다. 그에 반해 날다람쥐와 하늘다람쥐는 손은 손대로 남기면서, 팔과 다리 사이에 피막을 쳤다. 날다람쥐도 하늘다람쥐도 난다고는 하지만 비행은 아니고 활공 정도라고 하는 게 맞다.

"지금 내가 바라는 일을 이루려면 날개가 필요해요, 등에 새처럼 하얀 날개를 달아주세요"라는 노래 가사가 있지만, 사실 새 날개는 등에 붙어 있지 않다. 앞에서 말한 것처럼 팔, 손, 손가락을 희생시켜 날개로 만든 것이다.

깊이 읽기 2 | 공룡 현존설

2007년 《사이언스》에 '티라노사우루스의 화석 뼈를 질량분석한 결과, 현생 동물 중 가장 가까운 동물은 닭'이라는 내용의 논문이 발표되었다.[21] 공룡은 새가 되어 살아남았다는 설을 뒷받침해주는 논문이다. 다만 화석으로 단백질을 분석할 수 있다고 해서 영화처럼 쥐라기 공원이 실현되는 것은 아니다. 티라노사우루스의 게놈(전체 유전자)이 해명된 것은 아니기 때문이다. 오해가 없기를 바란다.

물론 지금까지 다른 많은 공룡의 골격 특징이나 화석 주위에서 발견된 깃털 자국으로부터 '새 = 공룡'이라는 설은 유력했지만, 이 논문으로 과학적으로 한층 확실해졌다. 티라노사우루스에게 깃털이 있었다는 설도 있다. 몸이 크면 그만큼 보온성이 높아져 깃털은 필요 없지만 아마도 새끼일 때는 유용했을 것이다. 티라노사우루스의 피부는 새에서 깃털을 떼어내고 난 뒤에 나오는 닭살이었을 수도 있는 것이다! 즉, 깃털은 본래 비행을 위한 장치가 아니라 포유류의 털처럼 보온을 위한 장치다. 공룡 중 깃털이 있는 종만이 6500만 년 전 거대한 운석충돌 후에 찾아온 한냉기후에서 살아남을 수 있었다. 그것이 새의 선조로 그 뒤로 깃털이 가벼워 면적을 넓히는 데 적당해 비행용으로 사용한 것으로 추론할 수 있다. 바꿔 말하면 닭과 타조가 지금 날지 않는 것은 너무 뚱뚱해서 날지 못 하게 된 게 아니라, 깃털의 본래 사용법(나는 것보다 보온)을 지키는 것이다.

날 수 있는 파충류로 익룡이 있지만 익룡과 공룡은 서로 다른 그룹이다. 익룡이 새가 된 것은 아니다. 익룡의 손에는 4개의 손가락이 있고 그중 네 번째 손가락이 길게 뻗어 몸과 손가락 사이에 피막을 치고 있다. 3개의 손가락 중 2번째와 3번째 손가락으로 날개를 만든 새와는 다르다(그림 6-8).

화석에는 피부나 근육, 안구 등의 연질조직은 남지 않는다. 따라서 공룡 책에 나오는 몸 표면의 무늬나 색깔은 일러스트레이터가 특성에 맞춰 상상한 것이다. 옛날 공룡 책에는 몸 전체가 회색이거나 진한 갈색의 공룡뿐이었다. 아마도 현재 볼 수 있는 파충류인 악어나 뱀, 도마뱀들을 보고 유추했을 것이다. 하지만 공룡이 새라는 사실이 밝혀진 뒤부터는 현생 조류의 화려함에 촉발되었는지 일러스트레이터들이 대담하게 컬러풀한 줄무늬나 화려한 색을 사용하기 시작했다. 물론 사실 여부는 알 수 없다. 만약 깃털의 주된 역할이 체온 유지였다면, 역시 검은색이나 진한 갈색이었을 가능성이 높다.

조류와 포유류는 면역기능이 발달해 항체를 만들 수 있다. 필자도 항체 채취용으로 닭을 기른 적이 있다. 그 닭에 항원을 주사하거나 채혈

하는 작업은 이쪽도 부상당할 각오를 해야 할 만큼 힘든 일이다. 닭들은 아주 기민하고 공격적이다. 눈이 마주치면 부리를 크게 벌리고 필자를 위협했다. 사납다기보다 영악했다. 이들은 역시 공룡이었다는 것을 실감했다.

깊이읽기 3 | 새우는 왜 빨간색일까

리포트 중 우수작 두 개를 뽑아 봤다.

[의학 전공 A 학생의 리포트]

새우뿐만 아니라 생물의 체색에는 몇 가지 뜻이 있다. 대표적으로는 다음과 같다. 첫 번째는, 자외선과 같이 몸에 해로운 빛을 흡수해 심부 조직을 보호한다. 예를 들어, 체색이 검으면 햇빛에 타는 것을 막을 수 있다. 두 번째는, 같은 종끼리 서로 알아보거나 신호를 주고받을 수 있다. 세 번째는, 포식자의 눈에 잘 띄지 않게 숨을 수 있는 보호색이나 가까이 다가오지 못하도록 위협하는 경계색이다.

체색은 색소에 의한 것과 모포나비나 물총새의 날개처럼 표면의 물리적 구조에 의한 것이 있는데, 새우는 전자에 속한다. 색소의 색은 발색단이라고 하는 광흡수분자 단독의 성질이 아니라 단백질과 같은 결합분자에 따라 성질이 변하는 경우가 많다. 이 구조의 좋은 점은 발색 단이 한 개뿐이더라도 결합물질의 변화에 따라 많은 색을 만들 수 있다. 생물은 유전자에 직접 규정되지 않는 저분자를 변경하려면 그 합성효소군부터 다시 설계해야 하는 데 반해 단백질은 유전자 일부만 변경하면 되기 때문에 훨씬 간단하다.

참새우는 발색단인 아스타잔틴의 최대흡수파장이 초록색이지만(따라서 반사광은 빨간색이다) 크러스타시아닌과 결합해 흡수파장은 빨간색으로 바뀐다(따라서 반사광은 청록색이 된다). 즉, 현재 참새우의 체색은 청록색이지만 앞으로 진화하면서 다른 색으로 바꿀 필요가 생기면 결합단백질에 변이를 일으켜 보라색이나 노란색으로도 바꿀 수 있다.

종이 많은 새우를 살펴보면 체색은 빨간색부터 파란색까지 다양하다. 또한 한 가지 색이 아니라 무늬가 있는 것도 많다. 오색새우라는 것도 있다. 각각의 색은 발색단은 동일하고 몸의 부위마다 결합단백질을 바꿔 색을 바꾼다.

결국 아스타잔틴은 빛을 흡수하는 역할을 하고, 크러스타시아닌은 발색단 단백질 복합체를 만들어 흡수파장을 바꾸는 역할을 한다. 아스타잔틴이 빨간색(초록색 흡수)일 필연성은 없다. 노란색(보라색 흡수)이어도 상관없다.

[문학 전공 B학생의 리포트]

바다 속에도 크리스마스는 다가온다. 새끼 게, 새끼 소라, 새끼 해마도 다들 산타할아버지를 기다린다. 그런데 크리스마스이브에 라플란드에서 안 좋은 소식이 왔다. 산타할아버지가 감기에 걸려 올해는 바닷속으로 들어갈 수가 없어 해안까지는 선물을 가지고 갈 테니 누군가가 산타할아버지의 대역을 해 달라는 내용이었다.

당황한 게의 아버지와 소라의 어머니와 해마의 삼촌(용)이 모여 회의를 했다. "누가 하면 좋을까요?" 하고 게가 말했다. "산타할아버지는 긴 수염이 필요해요." 하고 소라가 말했다. "긴 수염이라면……." 용은 시선이 자신에게 쏠리는 것을 느끼고 "저는 다음주에 연하장 때문에 바쁩니다. 긴 수염이라면 새우, 새우가 적임자입니다." 하며 새우에게 떠넘겼다.

새우는 모든 이들이 부탁하자 거절하지 못하고 받아들였다. 게, 소라, 용은 수염은 멋있지만 검푸른 새우의 몸을 보면서 "역시 산타할아버지는 빨간색 옷을 입어야겠지요?" 하고 새우의 껍질 밑에 빨간색 아스타잔틴을 넣고 선물이 가득 담긴 짐을 등 뒤에 실어주었다. 성실한 새우는 그날 밤 무사히 대역을 마쳤다. 하지만 계속 빨간색으로 지낼 수는 없었다. 아직 유치원생인 새끼 새우에게 산타할아버지가 자기 아빠였다는 사실을 들킬 수도 있기 때문이다. 그래서 새우는 평소에는 그 빨간색 껍질을 크러스타시아닌으로 감췄다. 새우 산타할아버지는 평판이 좋아 그 뒤 매년 하기로 했다. 해가 거듭될수록 선물 주머니가 무거워져 어느 날 갑자기 새우의 허리가 삐끗했다. 그때부터 새우의 허리가 굽었다.

새우가 빨간색인 이유는 크리스마스에 산타할아버지 대역을 했기 때문이다.

7강

계절 음식 이야기

SEASONAL FOOD

계절을 나눠 농사를 짓다

정월이 순식간에 지나가면 이제 곧 봄입니다. 달력에서 봄이 시작되는 날은 입춘으로, 양력 2월 4일입니다. 동양의 달력은 복잡합니다. 예전부터 사용해온 달의 운행에 따른 태음력이 있지만, 태양력도 함께 사용합니다.* 태음력은 달이 차고 기우는 것을 기준으로 하는데, 한 달이 29~30일, 일 년은 354일입니다.

　옛날에 농사를 짓는 사람들이 태음력에 따라 4월 1일에 씨앗을 뿌리기로 했다고 생각해보죠. 그러면 첫해에는 봄이었던 4월 1일이 다

---

* 태음력은 태음력대로 편리한 점이 많다. 이를테면, 밤
하늘의 달을 올려다보면 오늘이 며칠인지 달력 없이도
알 수 있다.

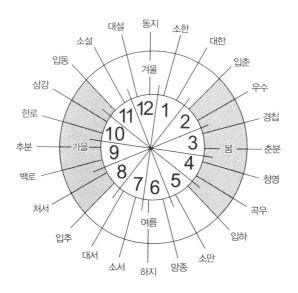

그림 7-1 24절기. 태음력과 함께 사용한 태양력으로 농사력의 색채가 강하게 배어있다.

음해, 다다음해로 해가 갈수록 점점 겨울이 되면서* 파종할 시기를
결국 놓치고 맙니다. 그래서 농사에는 예전부터 태양력을 사용했습
니다. 춘분부터 다음해 춘분까지 1년을 24등분한 24절기가 바로 그
것입니다. 봄은 춘분, 청명, 곡우로 가다가 이듬해 입춘, 우수, 경칩
그리고 다시 춘분으로 돌아옵니다. 그래서 입춘은 예전에도 그랬고
지금도 여전히 태양력 2월 4일입니다. 윤년 때문에 가끔 달라지기는
합니다.

  일본에서는 입춘 전날을 절기를 나누었다고 해서 세쓰분節分이라
고 합니다. 입춘, 입추, 입동 전날도 세쓰분이지만 보통 세쓰분이라

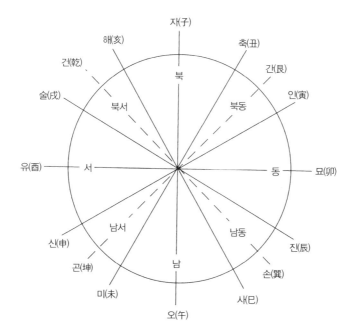

그림 7-2 귀신이 사는 방향을 나타낸다. 방위명은 시간을 나타낼 때도 사용한다. 자(子)는 자정, 오 (午)는 정오다. 방위는 12분할을 하고, 동시에 8등분도 한다. 북동은 간(艮), 남동은 손(巽), 남서는 곤 (坤), 북서는 건(乾)이다.

고 하면 입춘 전날을 말합니다. 세쓰분에는 잡귀를 쫓기 위해 콩을 뿌립니다. 왜 콩을 뿌리는지는 알 수 없습니다. 북동쪽을 향해 콩을 뿌립니다. 잡귀는 북동쪽, 예전 방위로 말하면 축(丑, 소)과 인(寅, 호

● 최대 1달이 어긋난 시점에서 윤달을 집어넣어 원상태 로 되돌린다.

랑이) 사이인 간(艮) 방향에서 온다고 합니다.

입춘 전날 잡귀를 쫓기 위해 뿌리는 콩은 대두입니다.* 대두는 아시아가 원산지인 콩으로, 일본에서는 조몬시대(기원전 13000~기원전 300)부터 재배했지만** 서양에서는 간장의 원료로 일본에서 가져갔습니다. 그래서 대두를 영어로 soy bean이라고 합니다. Soy란 일본어의 간장醬油. しょうゆ이라는 말에서 비롯되었습니다.

서양 콩의 대표는 대두가 아닌 완두콩입니다. pea라고 하면 완두콩을 가리킵니다. 완두콩은 일본에서도 이미 헤이안시대에 들어왔지만, 이미 대두가 있기 때문인지 그다지 관심을 받지 못 하고 잡초 취급만 받았습니다.[5]

수도사 멘델의 원대한 야망[4]

완두콩 얘기에는 멘델이 빠질 수 없습니다. 오스트리아 동부에 있는 브륀(현재 체코의 브르노)의 수도사 그레고어 요한 멘델(1822~1884)은 원래 과학을 잘 했습니다. 특히 수학과 물리학에 뛰어났습니다. 수도원은 학교이기도 했기 때문에 신학뿐만 아니라 철학이나 자연과학도 가르쳤습니다. 1850년에 멘델은 교원자격시험을 봤지만 생물학과 지질학 점수가 낮아 떨어졌습니다. 하지만 수학과 물리학 점수는 우수했기 때문에 그 이듬해에 원장은 멘델을 오스트리아 제국의 수도에 있는 빈대학에 보내 물리학을 배우게 했습니다. 그를 가르친 사람은 도플러효과로 유명한 크리스티안 도플러 교수(1803~1853)였습니다.

그런데 어느 날 갑자기 교수가 사망했고, 멘델은 대학을 그만두고 시골로 내려와 수도원에서 생물을 가르치게 됩니다. 맥이 풀렸을 테지만, '생물 현상에 수학과 물리학을 적용해보면 어떨까?' 하고는 연구에 몰두했습니다.

수도원에서 기르던 작물 중 하나가 완두콩이었습니다. 물론 먹기 위해 재배했습니다. 식탁에 빠지지 않는 작물이기 때문에 당시에도 품종이 많았습니다. 그것들을 교배해 더 좋은 품종을 만드는 것이 멘델의 중요한 업무 중 하나이기도 했습니다. 멘델은 이런 과정을 물리학으로 이론화하기로 마음먹었습니다.

완두콩은 자가수분으로 자신의 화분을 암꽃술에 붙여 열매를 맺게 할 수 있지만,*** 타가수분으로 다른 꽃의 화분을 붙여 잡종을 만들 수도 있습니다. 이것이 멘델의 실험이 성공할 수 있었던 첫 번째 열쇠입니다. 멘델은 씨앗 가게에서 사들인 많은 품종을 검토하고는 7개의 안정된 형질을 골랐습니다. 요즘 말하는 동형의 접합체 homozygous strain를 선정했습니다. 그가 선택한 형질은 건조시킨 뒤에

● 일본에서 입춘 전날인 2월 3일에 콩을 뿌리며 귀신을 내쫓는 전통행사를 마메마키(豆まき)라고 한다.

●● 대두가 눌린 자국이 있는 조몬토기가 발굴되었다.

●●● 꽃에 수술과 암술이 있다면 보통은 자가수분을 할 것이라고 생각하지만 사실은 그렇지 않다. 식물은 수술과 암술의 성숙시기를 달리하거나, 암술과 수술이 서로 잘 만나지지 않도록 장애물을 만드는 등 여러 방법으로 자가수분을 피한다.

콩이 둥근 모양인지 주름이 생기는지, 콩이 노란색인지 초록색인지, 꽃이 빨간색인지 흰색인지 같은 형태와 성질이었습니다. 순수한 계통을 잘 골라낸 것이 성공할 수 있었던 두 번째 열쇠입니다.

멘델은 씨앗 가게에서 가져온 34개의 계통 중에서 형질이 안정된 7개의 계통을 꼬박 2년에 걸쳐 확인하고 선발했습니다. 둥근 모양인지 주름이 졌는지, 노란색인지 초록색인지와 같이 분명한 형질을 선택한 것이 3번째 열쇠입니다.

콩의 형질을 연구의 대상으로 선택한 데는 나름 합리적인 이유가 있습니다. 콩의 종자는 그 대부분을 자엽子葉, 즉 유식물幼植物, seeding 이 차지합니다. 잡종의 형질이 금방 그 콩에 나타나는거죠. 따라서 통계를 내는 데 중요한 경우의 수를 쉽게 얻을 수 있습니다. 이는 실험방법에서 매우 중요합니다. 키가 얼마까지 자라는지 꽃이 어디에 피는지는 그 콩을 뿌려 키워서 다음 해가 되어야만 알 수 있기 때문에 경우의 수를 당장 구할 수가 없습니다.* 이것이 4번째 열쇠입니다. 멘델도 꽃의 색이나 콩깍지의 색 같은 차세대에 나타나는 형질도 사용했지만, 가장 중요하게 사용한 것은 역시 콩의 형질입니다.

3년째부터 본격적으로 실험을 시작했습니다. 둥근 콩과 주름진 콩을 교배하면 그 종자(잡종 1대)는 반드시 둥근 콩이 나옵니다. 노란색 콩과 초록색 콩을 교배하면 그 종자는 반드시 노란색 콩이 나옵니다. 이것이 첫 번째 법칙인 우성의 법칙입니다.

다음으로 잡종 1대의 둥근 콩을 자가수분 시키면 그 종자(잡종 2대)로는 둥근 콩과 주름진 콩이 섞여 나오고, 그 비율은 3:1입니다.

노란색 콩과 초록색 콩의 잡종 1대의 노란색 콩을 자가수분시킨 잡종 2대도 노란색 콩과 초록색 콩이 3:1의 비율로 나타납니다. 두 번째 법칙인 분리의 법칙입니다.

이것은 확률이기 때문에 정확히 3:1은 아닙니다. 실제로 둥근 콩과 주름진 콩의 비율은 5474:1850, 노란색 콩과 초록색 콩의 비율은 6022: 2001입니다.** 이것을 3:1로 파악했다는 건 정말 대단한 통찰입니다. 제가 생물 하나하나를 너무 좋아하다 보니 이런 숫자를 보고도 알아차리지 못한 걸까요? 아니 그보다는 멘델이 생물 자체에 그다지 애착이 없었기 때문에 계산할 수 있진 않았을까요.

또 그는 대단한 아이디어를 냈습니다. 잡종 1대에서 보이지 않던 주름진 콩과 초록색 콩이 2대에서는 다시 나타나는 것을 확인하고, 형질이 사라지지 않고 단지 숨어 있을 뿐이라고 가정했습니다. 그러면서 그는 유전자라는 개념이 전혀 없던 당시에 벌써 현재의 유전자에 해당하는 개념을 떠올렸습니다. 그는 이를 '원소element'라고 불렀습니다.

게다가 둥근 콩과 주름진 콩을 결정하는 형질과, 노란색과 초록색으로 콩의 색을 결정하는 형질은 서로 간섭하지 않는다는 사실도 발

---

* 완두콩은 더위에 약하기 때문에 보통 가을에 뿌려 봄에 수확한다. 추운 지방에서는 봄에 뿌려 초여름에 수확하기도 한다.

** 이 숫자는 멘델의 《잡종식물의 연구》(이와나미문고, 1999)에 따랐다.

견했습니다. 이를테면, 둥글고 노란색 콩과 주름지고 초록색 콩을 교배하면 잡종 1대는 모두 둥글고 노란색 콩이 나오지만, 그것을 자가수분해 얻은 잡종 2대는 둥근 노란 콩 : 주름진 노란 콩 : 둥근 초록 콩 : 주름진 초록 콩이 315:101:108:34로 나타납니다. 즉 9:3:3:1입니다. 처음에는 없던 조합인 주름진 노란 콩과 둥근 초록 콩이 나타납니다. 형질은 각각 독립적으로 행동합니다. 이것이 세 번째 법칙인 독립의 법칙입니다.

멘델의 좌절과 복수

이렇게 생물체의 현상을 물리학으로 설명하겠다는 멘델의 야심은 성공했습니다. 아니, 그렇게 보였습니다. 그는 이 성과를 1865년 그 지역의 과학 살롱에서 발표하고 다음해에 보고서로 정리해 식물학의

大阪大学出版会 栗原佐智子 氏提供

그림 7-3 모련채는 모양은 민들레와 비슷하지만 키는 더 큰 잡초다. 잎에도 줄기에도 뻣뻣한 털이 빽빽하다.

권위자였던 존경하는 칼 네겔리(1817~1891)에게 보냈습니다. 하지만 네겔리는 그 보고서를 거부했습니다. 멘델의 건조한 수학적 이론과 정량적인 논리 전개를 네겔리가 인정할 수 없었거나 이해하지 못했거나, 둘 중 하나 때문인 것 같습니다. 네겔리는 자신이 좋아하는 실험식물인 모련채*로 실험을 해서 확인이 되면 인정하겠다고 했습니다(그림 7-3). 하지만 그것은 무리한 주문이었습니다. 순수한 계통을 선택하는 데 몇 년이 걸릴지, 교배해서 결과를 기다리는 데 또 몇 년이 걸릴지 알 수 없기 때문입니다.**

이런 억지스런 추가실험 요구는 사실 거절이나 다름없습니다. 지금도 권위 있는 잡지에 논문을 투고하면 종종 이런 일이 있습니다. 저도 수없이 겪은 일입니다. 그때마다 멘델도 그랬다며 스스로를 위로하곤 합니다.

멘델은 1868년 브륀의 수도원장으로 취임한 뒤 자질구레한 일로(아니, 신앙과 관련된 중요한 일로) 바빠 완두콩 재배 현장을 멀리 했습니다. 그의 보고서가 재발견 혹은 재확인된 것은 멘델이 죽고 16년이 지난 1900년이었습니다. 멘델은 원장이 되고 나서도 연구를 좋아해서 태양의 흑점과 이상기후의 관련성 등을 연구해 만년에는 기상학

---

* 국화과 식물로, 식물 전체에 갈색의 억센 털이 가득하다. 사람이나 동물의 피부에 이 털이 붙으면 깎거나 뽑아내야 한다. 모련채(毛蓮菜)라는 이름도 그런 특징 때문이다.

** 이 글만 보면 네겔리를 무능하고 심술궂은 남자처럼 생각할 수도 있지만 그렇지 않다. 그는 세포분열을 현미경으로 처음으로 관찰하고 염색체를 발견한 대학자다.

자로 유명했다고 합니다. 어릴 때 쳤던 교원자격시험에서 낙제한 지질학에 대한 복수일지도 모릅니다.

혈액형으로 성격을 알 수 있다는 주장의 유전적 근거

젊은 여성들 사이에 혈액형으로 성격 파악하기가 유행한 적이 있습니다. 지나가버린 예전 이야기가 아니죠. 지금도 유행하고 있습니다. A형은 착실하고 꼼꼼하지만 자신감이 많고, O형은 느긋하고 대범해 대인관계가 좋다고 합니다. 혈액형은 점성술 같은 일종의 점으로 정말로 믿는 사람은 적겠지만, 생물학을 잘 아는 젊은 여성이라면 다음과 같은 이유를 댈지도 모릅니다.

독립의 법칙이란 서로 다른 염색체 위에 있는 유전자는 독립적으로 행동하는 것을 말합니다. 반대로 생각하면 같은 염색체 위에 있는 유전자는 함께 움직여야 합니다. 이것을 '유전자 연관genetic linkage'라고 합니다.

혈액형은 적혈구 표면에 붙어 있는 당사슬의 종류에 따라 나누는데, A형을 만드는 효소유전자는 9번째 염색체 위에 있습니다. 그리고 착실하고 꼼꼼한 성격을 결정하는 유전자도 같은 염색체 위에 있는 것 같습니다. 그래서 두 개의 유전자가 함께 움직여 A형인 사람은 착실하고 꼼꼼합니다(그림7-4).*

만약 이것이 맞다면 군대를 편성할 때 A형 몇 퍼센트, B형 몇 퍼센

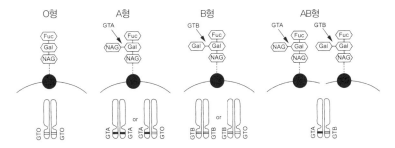

O형　　　A형　　　B형　　　AB형

그림 7-4 혈액형은 적혈구 표면에 있는 당단백질의 끝 부분에 따라 달라진다. 검은색 동그라미는 단백질, 육각형은 당이다.

트로 섞으면 최강이라든지, 부대를 총괄하는 소대장으로는 O형이 적임자라고 할 것입니다. 이는 군사제도에 중요한 사항이기 때문에 세계 각국에서 혈액형과 성격의 관계에 대해 대대적으로 군사연구를 했다고 합니다. 군사연구는 공표되지 않기 때문에 사실 여부는 알 수 없습니다.＊＊ 하지만 혈액형과 성격에 대한 연구 결과는 부정적이었습니다. 그리고 사실 전 세계 어느 나라도 군대를 혈액형에 맞춰 편성하지 않습니다.

＊ A형을 결정하는 효소(글리코실 전달효소: GT)는 제9염색체 위에 실재한다.[6] ABO혈액형은 적혈구 표면의 단백질에 결합한 당사슬 말단이 무엇인지에 따라 구분한다. 기본형의 말단은 푸코오스(Fuc)로 여기에 N-아세틸글루코사민(NAG)을 부가하는 타입인 GT(GTA)가 움직이면 A형이 되고, 갈락토스(Gal)를 부가하는 타입인 GT(GTB)가 움직이면 B형이 된다. 부모님한테 양 타입의 GT를 다 받은 사람은 AB형이 되고, 아무것도 받지 않은 사람은 푸코오스 즉, O형이 된다. 즉, A형을 만드는 GT도 B형을 만드는 GT도 O형을 만드는(불활성) GT도 9번 염색체의 같은 장소(유전자 자리)에 있다. 따라서 만약 9번 염색체 위에 성격을 꼼꼼하게 만드는 유전자가 있다 해도(신경분화에 중요한 레티노이드 수용체가 분명 근처에 있지만) 특정 혈액형과는 연쇄할 수 없다.

＊＊ 부정적인 데이터는 몇 건 발표되었다.

밸런타인데이와 화이트데이[7]

절기를 맞아 벌이는 에호마키[•] 판매가 끝나면 밸런타인데이 행사가 시작됩니다. 밸런타인데이 초콜릿도 앞에서 말한 후지야의 크리스마스 케이크와 마찬가지로 제과업체의 마케팅 전략입니다. 1936년 2월 12일, 고베에 있던 모로조프제과가 영자신문에 "For Your VALENTINE, Make A Present of Morozoff's FANCY BOX CHOCOLATE"라는 광고를 냈습니다. 처음에는 고베에 거주하는 외국인을 대상으로 한 광고였습니다. 여성을 대상으로 한 광고는 아니었죠.

성 발렌티누스(?~269)는 로마 군대에 군인으로 끌려가면 할 수 없었던 결혼식을 젊은이들에게 올려줘 연인들의 수호자가 되었습니다. 따라서 남녀는 상관없습니다.[••] 서양의 밸런타인데이 역시 남녀는 상관없습니다.

그런데 1958년 2월 12일에서 14일까지 3일간 메리초코라는 제과점이 도쿄 신주쿠의 이세탄백화점에서 판매 행사를 벌였습니다. 이때 여성이 남성에게 사랑을 고백하는 날이라는 성격이 더해졌습니다. 당시 일본 남성은 과자는 사도 초콜릿 따위는 사지 않았기 때문에 남자가 초콜릿을 살 것이라고 생각하지 않았습니다. 또한 고백은 남자가 여자한테 하는 것이고, 여자는 그것을 기다려야 하는 게 당시 전통이었습니다. 그런데 '이날만은 특별히 여자가 고백해도 좋은 날이라고 하자'라고 광고를 했는데, 이것이 젊은이들 사이에서 대히트를 쳤습니다.

당시 대학생으로 아르바이트를 하던 메리초코의 회장 하라쿠니오 씨는 옆에 있는 화장품 매장에서 하트 모양의 케이스를 발견하고 거기에 초콜릿을 담아 팔았습니다.[8] 마침 여성주간지가 막 생겨나기 시작하던 때라 잡지 광고를 통해 여성이 남성에게 고백하는 날이라는 것을 강조했습니다.

당시에는 남성이 고백을 받으면 즉시 답을 하지 않았습니다. 대답은 한 달 뒤인 3월 14일에 하기로 했습니다. 이건 누가 언제 설정한 것일까요? 1973년에 후지야가 한 것입니다. 2월 14일과 3월 14일이 같은 요일(그 해에는 수요일)이라 데이트 계획을 세우기 쉽다는 것도 의도했을 겁니다. 후지야는 초콜릿도 팔았지만 간판 상품은 밀크캔디였습니다. 남성이 고백을 받아들이면 여성에게 밀크캔디를 보내자는 캠페인을 펼쳤기 때문에 그 날을 화이트데이라고 했습니다.[9] 이런 사정이 있기 때문에 서양에서 밸런타인데이는 통해도 화이트데이는 통하지 않습니다.

후지야는 밀크캔디만으로는 판매가 시원찮았는지 밀크캔디와 함께 애플파이를 보내라고 제안했습니다. 왜 파이일까요? 3.14라고 하면 π가 떠오르지 않나요? 1970년대부터는 밸런타인데이 그리고 화

• 입춘 전날 먹으면 그해 운이 좋다는 두껍게만 김밥.

•• 로마의 황제 클라우디우스 2세는 병사가 가정을 꾸려 사기가 떨어지는 것을 두려워했다. 법을 어겨 체포된

발렌티누스는 감옥에서 교도관의 눈먼 딸에게 신앙의 말과 편지를 선물로 보냈다. 그러자 그 딸이 눈을 뜨고 편지를 읽어 내렸다고 한다. 여기에서 선물은 남자가 여자에게 건넸다.

이트데이가 학생, 그것도 중고등학생 문화로 퍼졌습니다. 졸업이 얼마 남지 않은 중고등학생들이 좋아하는 선배에게 고백하고 싶다, 한 달 뒤엔 만나지 못 할 수도 있다.* 기회는 지금밖에 없다는 소녀들의 설레는 마음을 제과업체가 잘 사로잡았습니다.

지금은 밀크캔디도 애플파이도 아닌 화이트초콜릿이 주입니다. 자, 이제 생물학 이야기를 해볼까요? 코코아와 초콜릿의 원료인 카카오콩**은 배젖의 55퍼센트가 유지분이지만 코코아 제조과정에서 유지의 대부분을 카카오 버터로 분리합니다. 볶은 카카오 배젖의 색이나 맛, 향, 약효의 대부분을 담당하는 폴리페놀(테오브로민과 카페인이 들어 있다)은 카카오 버터를 분리하고 남은 카카오 케이크에 남기 때문에, 카카오 버터에 우유, 설탕을 첨가해 만든 화이트초콜릿은 갈색 초콜릿(카카오 케이크, 카카오 버터, 우유, 설탕을 제조자 나름의 비율로 조합한다)과는 상당히 다른 제품이 됩니다(그림7-5).

반려동물로 키우는 강아지나 고양이에게는 초콜릿을 주면 안 됩니다. 개와 고양이 같은 식육목은 테오브로민을 소화할 수 없기 때문에 중독증상을 일으키고 경우에 따라서는 죽을 수도 있습니다.*** 성분표시대로라면 테오브로민이 없는 화이트초콜릿은 괜찮을 수도 있

---

* 이 이야기는 졸업식이 3월에 있는 일본에서나 가능하다. 유럽에서는 6~7월에 졸업하기 때문에 맞지 않는다. 한국에서는 화이트데이가 있은 다음 달인 4월 14일에 고백을 거절당한 남녀가 넋두리를 늘어놓으며 자장면을 먹는 블랙데이가 있다. 일본에는 12월 14일에 원수를 갚는 리벤지데이가 있지만 기원은 좀 다르다.[10]

** 카카오콩이 나오는 카카오나무는 콩과가 아니라 아욱과 식물이다. 길이 30cm, 지름 10cm나 되는 커다란 열매에 씨앗이 많이 들어 있는데 그것이 바로 카카오콩

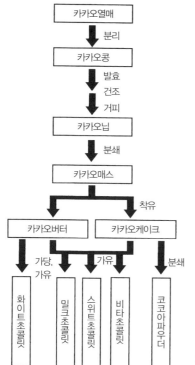

```
         카카오열매
            │
            ▼ 분리
          카카오콩
            │
            ▼ 발효
              건조
              거피
          카카오닙
            │
            ▼ 분쇄
          카카오매스
          ┌────┴────┐
          ▼         ▼ 착유
      카카오버터   카카오케이크
      │     │  │     │
      ▼     ▼  ▼     ▼ 분쇄
    가당,  가유
    가유
   화  밀  스  비  코
   이  크  위  타  코
   트  초  트  초  아
   초  콜  초  콜  파
   콜  릿  콜  릿  우
   릿      릿      더
```

그림 7-5 초콜릿 제조공정

지만, 성분을 장담할 수 없으니 중독을 일으킬 수도 있다는 점을 명
심해야 합니다.

이다. 카카오콩을 수확하고, 1주일 정도 발효시키면 배젖에 들어 있던 폴리페놀이 중합해 갈색으로 변한다. 그것을 볶으면 초콜릿색이 나타난다.[11]

●●●● 테오브로민은 카페인과 매우 유사한 물질로, 뇌의 푸린 수용체를 자극해 특유의 효과를 나타낸다. 고양이는 초콜릿을 줘도 먹지 않아 괜찮지만, 강아지는 주인에게 의리를 지킨다고(?) 초콜릿을 내밀면 먹기 때문에 주의해야 한다.

오늘의 주제는 계절음식입니다. 추운 계절에는 따뜻한 나베(냄비요리)가 제격입니다. 여러분은 어떤 나베를 좋아하나요? 샤브샤브? 물두부? 모두 좋습니다. 앞에서 설명한 것처럼 콩은 불교와 관련이 깊습니다. 물두부는 교토 선사의 명물입니다. 난젠지南禪寺 앞에 있는 요릿집에서는 생선회나 튀김도 팔지만 본점에서는 대부분 다시마 육수에 두부만 넣고 끓여 팝니다.[12] 스님도 아닌데 뭔가 좀 아쉽다는 사람들을 위해 대구를 넣으면 대구탕이 되고, 복어를 넣으면 복어 냄비요리가 됩니다.* 닭을 넣으면 닭백숙인데, 그건 항상 잘 팔리는 메뉴입니다. 곱창전골? 이건 새로운 메뉴입니다. 내가 학생이었을 때에는 없었어요.

뭐든지 좋아요. 뭐든 넣어 만드는 게 나베요리의 장점입니다. 그릇도 덜어먹는 접시 하나만 있으면 됩니다. 냄비 하나에 여럿이 둘러앉아 먹는 게 나베의 참맛입니다. 최근에 도쿄의 규동집에서 일인용 나베를 출시해서 인기가 좋은 모양입니다. 하지만 저는 왠지 좀 아쉽네요.

이런 공동 식문화는 전 세계에 있습니다.[13] 중국의 훠궈火鍋, 프랑스의 포토푀pot au feu, 스위스의 퐁뒤fondue, 독일의 아인토프Eintopf, 한국의 전골 등이 그런 음식입니다. 여럿이서 냄비를 둘러싸고 앉으면 분명 그중에 나서서 냄비에 재료를 넣는 사람이 나옵니다. 그 사람을 나베부교鍋奉行라고 하는데 프랑스에 사는 지인한테 물었는데 거기도 똑같다고 합니다. 나베요리는 아니지만 같이 먹는다는 점에서는 미국의 바비큐도 마찬가지입니다. 미국에서는 그릴마스터라고 하지요.

이는 유인원 시절부터 내려오는 습성입니다. 제한된 음식을 최적으로 배분하는 것은, 꼭 공평하다고는 할 수 없지만, 그래도 리더의 권위 없이는 불가능합니다. 집단 내 순위를 확인하고 사회 질서를 유지하는 중요한 양식 중 하나입니다. 일본 오이타시의 일본원숭이 C 무리(약 700마리)에서는 2014년에 10대 우두머리가 나타났지만, 먹이 배분은 암컷이 담당합니다. 암컷이 실질적인 보스인 셈입니다. 그래도 암컷이 대장 수컷의 털을 골라주면서 우두머리의 체면을 세워주기는 합니다.

[·] 복어의 침을 맞으면 죽기 때문에 일본에서는 '총'이라 부르기도 한다. 복어의 독은 테트로도톡신이다. 저분자 물질이고, 끓여도 비활성화되지 않는다. 복어의 독을 먹으면 근육이 활동을 못해 호흡이 멈춘다. 뇌에는 들어가지 않기 때문에 숨을 거둘 때까지 의식은 명료하다.

콩의 7가지 변화

불교에서는 육식을 금한다. 그렇다고 단백질을 섭취하지 않으면 스님도 살 수 없다. 그래서 단백질 공급원으로 섭취하는 것이 대두大豆다. 대두는 먹을 수 있는 종자의 36퍼센트(건조 중량 기준)가 단백질이다. 다만, 대두는 생으로는 먹을 수 없다. 다양한 효소저해물질이 포함되어 있어 소화불량을 일으킨다. 그래서 가열하거나 발효시켜 독성을 없애야 한다.

불교문화권에서는 다양한 대두 가공식품을 먹는다. 생대두를 갈아 만든 즙인 두유를 천천히 가열해 즙 표면에 붙은 열변성단백질 막을 걷어내기도 한다. 이것이 유바ゆば다. 두유의 온도를 높이면서 간수(바닷물을 농축해 소금을 얻고 남은 액체)를 넣어주면 단백질이 변성되면서, 즉 염석鹽析, salting out되어 두부가 된다. 여기에서 염석이란 단백질에서 글루탐산과 아스팔긴산 잔기residue가 2가 이온(Mg^{2+}, Ca^{2+})과 가교결합하여 그물 모양의 구조가 만들어지는 것을 말한다. 최근 두부공장에서는 글루콘산/글루코노락톤으로 산을 변성시키기도 한다.

대두 종자에는 지방성분도 많다. 건조 중량의 20퍼센트 정도다. 종자는 알과 마찬가지로 차세대 개체를 만들기 위한 것이다. 그래서 지방은 세포막의 재료로 모든 씨앗에 반드시 포함되어 있지만, 대두에는 특히 많다. 그래서 대두를 짜면 기름이 나온다. 이것이 대두유이다. 현재 식용유는 야자유(팜유), 카놀라유, 대두유가 80퍼센트 이상을 차지한다. 두부를 끓는 기름에 넣으면 유부가 만들어 진다. 두부에 채소나 해초를 넣고 튀기면 간모도키라는 요리라고 한다.

미생물을 발효시켜 대두의 효소저해물질을 분해한 대표적인 식품이 낫토와 된장, 간장이다. 절의 창고(일본어로 낫쇼)에서 만들어서 낫쇼토라 했고, 이를 줄여서 낫토라고 한다. 미소(일본된장)를 쌀미소, 보리미소라고 하기 때문에 쌀이나 보리를 된장의 주원료로 착각하는 사람이 있다. 미소의 주원료는 어디까지나 대두다. 대두를 발효시키는 누룩곰팡이의 먹이(녹말)를 쌀로 하면 쌀미소, 보리로 하면 보리미소라고 한다. 그 미소의 웃물이 간장이다.

앞에서도 이야기했지만 대두를 영어로 soy bean이라고 하는데, soy 란 일본어로 간장이라는 뜻이기 때문에 soy bean이란 간장 대두다. 나가사키의 데지마出島에 머물던 독일인 의사 엥겔베르트 캠퍼(1651~1716)는 간장을 굉장히 좋아해 1692년 고국인 독일로 돌아갈 때 대두를 가지고 갔다. soy bean은 그때 붙여진 이름이다. 독일인이기 때문에 Sojabohne라고 했다. 그는 쇼군 도쿠가와 쓰요나시를 두 번이나 만나 노래와 춤을 선보이기도 했다. 그가 남긴 《일본의 오늘Heutiges Japan》는 당시 쇄국 일본의 현황을 세계에 알린 귀중한 자료다.[16]

악어가 살았었다[17]

1964년 5월 3일, 도요나카시 마치카네야마초에 있는 오사카대학교 도요나카 캠퍼스 이학부 건물에 견학 온 고등학생 히토미 이사오와 오하라 겐지는 공사장에서 갈비뼈 화석 같은 것을 발견했다. 지금이라면 공사 구역은 출입할 수 없지만 당시에는 출입이 가능했다.

히토미는 오사카시립자연사박물관의 지질학자 지지 반조에게 "이게 뭐죠?" 하고 물었다. 지지 반조는 파충류의 뼈 같다며 오사카대학교 지질학과 오바타 노부오 교수에게 바로 공사를 중지시키라고 제안했다. 오바타 교수는 총장에게 전했고, 총장은 바로 공사를 중단하라고 명령했다.

4회에 걸친 발굴로 파낸 화석을 복원하자 커다란 악어의 전신 골격이 완성됐다. 대략 40만 년 정도 전의 몸길이가 7미터나 되는 악어였다. 고대 일본의 신화와 전설이 담긴 《고지키古事記》를 보면 남편인 야마사치 히코가 출산하는 곳을 들여다봐 격노해 악어로 변신한 도요타마 히메(신무왕의 할머니)가 나온다. 그와 연관지어 *Toyotamaphimeia machikanensis*라고 명명했다.

현생종으로 말하면 앨리게이터, 카이만, 크로커다일보다 가비알에 가까운 종으로 추정된다. 성별은 알 수 없다. 여러 뼈에 상처가 난 흔적이 있고 비늘에도 물린 자국이 있는 것으로 보아 수컷으로 보는 게 타당

大阪大學総合学術博物館提供

그림 7-6 마치카네악어 발굴현장

하다. 만약 암컷이었다면 엄청 말괄량이였을 것이다. 근처에 암컷의 뼈가 있지 않을까 해서 이학부 공사 때마다 지켜보았지만 아직 발견되지는 않았다. 마치카네 악어 화석의 실물은 현재 오사카대학교 학술박물관에 전시되어 있으며 누구나 언제든지 볼 수 있다.

한편 그다지 멀지 않은 스이타시 사다케다이에서는 거의 같은 시대에 살았던 코끼리의 화석이 발견됐다. 40만 년 전이라면 네안데르탈인 단계의 인간도 있지만 인간의 뼈는 발견되지 않았다. 아카시원인이 살았을 가능성이 있지만, 화석은 연대 미정인 채로 보관 중이다가 2차대전 중 도쿄대공습 때 소실됐다.[18]

현대 유전학의 지식으로 멘델의 법칙을 다시 설명하면 다음과 같다. 완두콩은 시간이 지나 충분히 자라게 되면 엽록소분해효소가 활동해 초록색을 잃고 노란색이 된다. 완두콩 수정란이 가진 2쌍의 게놈 중 아버지나 어머니 어느 한쪽이라도 이 효소가 정상이라면 콩에 엽록소가 분해되어 노란색이 된다. 따라서 노란색 콩이 우성이다.

콩의 녹말은 사슬 모양의 아밀로스와 나뭇가지 모양의 아밀로펙틴의 혼합물이다. 그래서 아밀로펙틴 합성효소가 활성화되지 않으면 아밀로스만 남아 수분을 유지하는 능력이 떨어져 건조한 환경에서 주름이 생긴다. 아버지나 어머니의 게놈 어느 한쪽에라도 아밀로펙틴 합성효소가 있으면 주름이 생기지 않는다. 따라서 둥근 대두가 우성이다.

생물학을 공부하는 사람이라면 지루할 정도로 많이 들었겠지만, 우성과 열성은 잡종 1대에 우선적으로 나타나느냐 나타나지 않느냐의 차이이지, 역량이 좋거나 나쁘다는 게 아니다. 실제로 인간에게 유용하도록 종을 개량할 때 사용하고 싶은 성질은 오히려 열성에 더 많다. 그런데 아직도 "우리 딸한테 남편의 열성 성질이 나와서 미치겠어요" 하는 식으로 오용하는 사람이 많다. 참으로 유감이다. 정말 유전학으로 열성 성질이라면 남편과 아내 양쪽 모두에 그 유전자가 없는 한 나타나지 않는다. 따라서 남편만 탓할 수는 없는 것이다. 멘델의 dominant/

recessive는 우성/열성이라고 번역되지만 아주 한심한 오역이다.[*]

독립의 법칙에 대해서는 엽록소분해효소 유전자는 1번 염색체, 아밀로펙틴 합성효소 유전자는 5번 염색체 위에 있기 때문에 각각 독립되어 있어 서로 간섭하지 않는 것으로 확인되었다.

한편 멘델이 주목한 7가지 형질이 완두콩 7개의 염색체 위에 각각 있었던 것은 기가 막힌 우연이었다. 멘델이 자신에게 안 좋은 결과를 자의적으로 은폐했다는 조작 의혹도 있어 다시 조사해보았지만 그렇지 않았다. 콩의 모양(동그라미/주름)과 색(초록색/노란색)은 같은 5번 염색체 위에 있었다. 따라서 이는 연쇄해 독립의 법칙이 성립하지 않는다. 하지만 멘델은 그 조합은 시도하지 않았다.

역시 교활하다 해야 할까? 그렇지 않다. 법칙을 만들 때, $7 \times 6 \div 2 = 21$대로 모든 조합을 확인할 필요는 없다. 몇 개의 조합을 시도한 결과를 보고 법칙을 간파했으니 오히려 그 분별력을 높이 사야 한다. 그 조합을 시도하지 않은 멘델이 운이 좋았을 뿐이다. 만약 시도했는데 결과가 좋지 않아 없앴다고 하면 콩의 색(초록색/노란색) 형질을 최초의 7가지 형질에서 제외했을 테고 멘델 조작설은 없었을 것이다.

그래서 멘델이 추적한 7가지 형질 중 책임유전자가 결정한 것은 실

● 일본유전자학회에서는 2017년 9월에 이후로는 우성/열성 대신 현성(懸性)/잠성(潛性)이라는 용어를 사용하기로 했다고 발표했다.

은 3개밖에 없다. 콩의 색(초록색/노란색)과 모양(동그라미/주름) 그리고 키(크다/작다)다. 이 형질을 책임지는 유전자는 식물 호르몬인 지베렐린 합성효소 중 하나다. 이를테면 꽃의 빨간색/하얀색을 책임지는 유전자는 아직 어떤 유전자(산물 단백질)인지 결정되지 않았다. 이제 와서 보면 과학사학자들 정도나 관심을 가질 일이라 연구자들이 열심히 연구했을 리가 없다. 교육적 관점에서 보면 조금 아쉽다.

참고문헌

1강 맛 이야기

[1] Mariani & Leure-duPree (1978) *Journal of Comparative Neurology*, 182:821-837, 長沼毅『Dr. 長沼の眠れないほど面白い科学のはなし』中経出版 (2013)

[2] 岩堀修明『図解・感覚器の進化』講談社ブルーバックス (2011)

[3] 小澤靜司・福田康一郎監修「標準生理学・第八版』医学書院 (2014)

[4] 本郷利憲他編『標準生理学・初版』医学書院 (1985)

[5] 常石敬一他『日本科学者伝』「池田菊苗」小学館 (1996), 宮田親平『科学者たちの自由な楽園』文藝春秋 (1983)

[6] 杉晴夫『栄養学を拓いた巨人たち』講談社ブルーバックス (2013)

[7] 鈴木榮一郎 (2011) 化学と工業 63:560-561

[8] 石川悌次郎『鈴木三郎助伝森蟲昶伝』東洋書館 (1954)

[9] 常石他『日本科学者伝』「大河内正敏」, 宮田『科学者たちの自由な楽園』

[10] 理研ビタミン株式会社 홈페이지, 2015년 5월 15일 참조

[11] オカモト株式会社 홈페이지, 2015년 5월 15일 참조

[12] 小学館『日本大百科全書』「リコー」一九九四

[13] 小宮豊隆「文学論・文学評論解説』夏目漱石全集第二期第9巻 岩波書店 (1975), 立花太郎 (1985) 化学史研究 1985년: 167-177

[14] 小澤・福田監修『標準生理学・第八版』

[15] 小澤・福田監修『標準生理学・第八版』

[16] 西條敏美『虹ーその文化と科学』恒星社厚生閣 (1999)

[17] 伏木亨『人間は脳で食べている』ちくま新書 (2005)

[18] 小林彰夫 (2003) 日本味と匂学会誌 10:3-4

[19] みんなの趣味の園芸 (NHK出版) 홈페이지「植物図鑑」, 2015년 5월 15일 참조

[20] シーシーエス株式会社 홈페이지, 2015년 5월 15일 참조

[21] 栗原堅三『味と香りの話』岩波新書 (1998)

[22] 中野秀樹・岡雅一『マグロのふしぎがわかる本』築地書館 (2010)

[23] 日本農林水産省 홈페이지「日本食文化テキスト」, 2015년 5월 15일 참조

2강 색 이야기

[1] Arbeloa et al. (2012) *Neurobiol. Dis* 45:954-961

[2] Loewenfeld (1941) *Br. Med. J.* 1:26

[3] 榊田千佳子監修『ハ__プティ__大事典』学研パブリッシング (2014)

[4] ブル__ス・アルバ__ツ他『Essential細胞生物学・原書第三版』南江堂 (2011)

[5] アイト__クタウン(株式会社メニコン) 홈페이지「目のトリビア」, 2015년 5월 15일 참조

[6] 和田昭允編『食品の抗酸化機能-21世紀の食と健康を考える』学会セン__関西 (2003)

[7] ヘルスケア未来研究所(富士フイルム株式会社) 홈페이지, 2015년 5월 15일 참조

[8] 21世紀研究会編『国旗・国歌の世界地図』文春新書 (2008)

[9] 新村出編『広辞苑・第六版』岩波書店 (2008)

[10] 高木伸一『たまご大事典』工学社 (2013)

[11] 勝元幸久・田中良和 (2005) 化学と生物 43:122-126

[12] Katsumoto et al. (2007) *Plant Cell Physiol.* 48:1589-1600

[13] アルバ__ツ他『Essential細胞生物学・原書第三版』| Bruce Alberts, et al., *Essential Cell Biology*, 3[r]d ed. Garland Science (2009)

[14] Wildman (2002) *Photosynth. Res.* 73:243-250

3강 냄새 이야기

[1] 小澤・福田監修『標準生理学・第八版』

[2] Buck & Axel (1991) *Cell* 65:175-187

[3] 岡希太郎『コ__ヒ__の処方箋』医薬経済社 (2008)

[4] 武田尚子『チョコレ__トの世界史』中公新書 (2010)

[5] 伊藤博監修『珈琲の事典』成美堂出版 (1998), 田中重弘『ネスカフェはなぜ世界を制覇できたか』講談社 (1988)

[6] 小学館『日本大百科全書』「世界三大発明」

[7] 水野博之『誰も書かなかった松下幸之助』日本実業出版社 (1998)

[8] 上山明博『白いツツジ-乾電池王・屋井先蔵の生涯』PHP研究所 (2009)

[9] スタンレ__コレン『犬と人の生物学-夢・うつ病・音楽・超能力』築地書館 (2014)

[10] Quignon et al. (2003) *Genome Biol.* 4:R80

[11] Niimura et al. (2014) *Genome Res.* 24:1485-1496

[12] 清水健一『ワインの科学』講談社ブル__バックス (1999)

[13] Takeuchi et al. (2013) *PNAS* 110:16235-16240

[14] Haze et al. (2001) *J. Inv. Dermatol* 116:520-524

[15] 株式会社マンダム 2013년 11월 18일 보도자료

[16] Butenandt et al. (1961) *Hoppe Sellers Z. Physiol. Chemie.* 324:71-83

[17] 阿部峻之・東原和成 (2008) 日本生殖内分泌学会雑誌 13:5-8

[18] Monti-Bloch et al. (1998) *J. Steroid Biochem. Mol. Biol.* 65:237-242

[19] Kitamura et al. (2009) *Cell* 139:814-827

[20] 浅島誠・駒崎伸二『動物の発生と分化』裳華房 (2011)

[21] 小倉明彦・冨永恵子『記憶の細胞生物学』朝倉書店 (2011)

4강 온도 이야기

[1] Caterina et al. (1997) *Nature* 389:816-824

[2] McKemy et al. (2002) *Nature* 416:52-58

[3] ジョヴァンニ・カッセリ監修『古代エジプト』教育社 (1996)

[4] ギャビン・D・スミス『ビールの歴史』原書房 (2014)

[5] 社団法人日本冷凍空調工業会編『ヒートポンプの実用性能と可能性』 日刊工業新聞社 (2010)

[6] アルバーツ他『Essential 細胞生物学・原書第三版』

[7] 巖佐庸他編『生物学辞典・第伍版』岩波書店 (2013)

[8] Hodgkin et al. (1952) *J. Physiol.* 116:424-448

[9] 生命科学資料集編集委員会編『生命科学資料集』東京大学出版会 (1997)

5강 식기 이야기

[1] 上田恵介他編『行動生物学辞典』東京化学同人 (2013)

[2] D・W・マクドナルド編『動物大百科6「有袋類ほか」』平凡社 (1986)

[3] 塚谷裕一『スキマの植物の世界』中公新書 (2015)

[4] 安部修仁・伊藤元重『吉野家の経済学』日経ビジネス人文庫 (2002)

[5] 小沢信男『悲願千人斬の女』筑摩書房 (2004), 茂木信太郎『吉野家』生活情報センター (2006)

[6] 志の島忠・浪川寛治『増補新版・料理名由来考』三一書房 (1990)

[7] 岡田哲『とんかつの誕生』講談社選書 (2000)

[8] 井上宏生『日本人はカレーライスがなぜ好きなのか』平凡社新書 (2000)

[9] 向井由紀子・橋本慶子『ものと人間の文化史102・箸』法政大学出版局 (2001)

[10] ヘンリー・ペトロスキー『フォークの歯はなぜ四本になったか』平凡社 (2010) | 헨리 페트로스키《포크는 왜 네 갈퀴를 달게 되었나》(김영사, 2014)

[11] 講談社編『私の英国物語−ジョサイア ウェッジウッドとその時代』講談社 (1996)

[12] 堤邦彦『現代語で読む「江戸怪談」傑作選』祥伝社新書 (2008)

[13] 熊野谿従『漆のお話』文芸社 (2012)

[14] 久保孝史・江口太郎 (2012) 化学と工業 65:534-535

[15] 大阪大学編『大阪大学歴代総長餘芳』大阪大学出版会 (2004)

[16] アルバーツ他『Essential 細胞生物学・原書第三版』

[17] 木村資生『生物進化を考える』岩波新書 (1988)

[18] 河合信和『ヒトの進化七00万年史』ちくま新書 (2010)

[19] Prifer et al. (2014) *Nature* 505:43-49

[20] 堀勇治 (2013) 化学と工業 66:541-543

6강 명절 요리 이야기

[1] ケンタッキーフライドチキン(日本KFCホールディングス株式会社) 홈페이지「歴史あれこれ」, 2015년 5월 15일 참조

[2] 21世紀研究会編著『食の世界地図』文春新書 (2004)

[3] ジャレド・ダイアモンド『銃・病原菌・鉄』草思社文庫 (2012) | 재레드 다이아몬드《총, 균, 쇠》(문학사상, 2005)

[4] 猿谷要『物語アメリカの歴史』中公新書 (1991)

[5] 富田虎男他編著『アメリカの歴史を知るための60章』明石書店 (2000)

[6] 鎌田遵『ネイティブ アメリカン』岩波新書 (2009)

[7] 原武史・吉田裕編『岩波 天皇・皇室辞典』「祝祭日」岩波書店 (2005)

[8] 大森由紀子『フランス菓子図鑑』世界文化社 (2013)

[9] 高野麻結子編『世界の祝祭日とお菓子』プチグラパブリッシング (2007)

[10] 高野編『世界の祝祭日とお菓子』

[11] 社史で見る日本経済史52『不二家』ゆまに書房 (2011)

[12] 岡田哲編『世界たべもの起源事典』東京堂出版 (2005)

[13] クリスマスおもしろ事典刊行委員会編『クリスマスおもしろ事典』日本キリスト教団出版局 (2003)

[14] 奥村彪生『日本めん食文化の1300年』農山漁村文化協会 (2009)

[15] 土井勝『日本のおかず伍00選』テレビ朝日 (1995)

[18] 21世紀研究会編著『食の世界地図』

[19] 別冊太陽「太陽の地図帖22郷土菓子」平凡社 (2013)

[18] 志の島・浪川『増補新版・料理名由来考』

[19] 金田一春彦・池田弥三郎編『学研国語大辞典・第二版』「なます」学習研究社 (1988)

[20] アルフレッド.S.ローマー&トーマス・S.パーソンズ『脊椎動物のからだ・第伍版』法政大学出版会 (1983) | Alfred S. Romer and Thomas Parsons, *The Vertebrate Body*, 5th ed. Sauners (1977)

[21] Asara et al. (2007) *Science* 316:280-285

7강 계절 음식 이야기

[1] 国立天文台編『理科年表 ・第88冊』丸善出版 (2014)

[2] 小学館『日本大百科全書』「鬼門」

[3] 牧野富太郎『牧野日本植物図鑑・学生版』北隆館 (1984)

[4] メンデル『雑種植物の研究』岩槻邦男「解説」岩波文庫 (1999) | 그레고어 멘델《식물의 잡종에 관한 실험》(신현철 옮김, 지만지, 2009)

[5] 稲井希一・栗原佐智子編著『キャンパスに咲く花・阪大吹田編』大阪大学出版会 (2008)

[6] 国立天文台編『理科年表・第88冊』

[7] 山田晴通 (2007) 東京経済大学人文自然科学論集 124:41-56

[8] 原邦生『家族的経営の教え』アートデイズ (2006)

[9] 社史で見る日本経済史52 『不二家』, 위키피디아 「ホワイトデー」 2017년 9월 15일 참조

[10] 野口武彦『忠臣蔵』ちくま新書 (1994)

[11] 武田『チョコレートの世界史』

[12] 「るるぶ京都ベスト」JTBパブリッシング (2015)

[13] 石毛直道『食の文化地理』朝日選書 (1995)

[14] 読売新聞 2014년 1월 17일 기사

[15] 小泉武夫『発酵』中公新書 (1989)

[16] 松井洋子『ケンペルとシーボルト』山川出版社 (2010)

[17] 小林快次・江口太郎『マチカネワニ化石』大阪大学出版会 (2010)

[18] 春成秀爾「「明石原人」とは何であったか』NHKブックス (1994)

[19] アルバーツ他『Essential 細胞生物学・原書第三版』

찾아보기

송수진

단국대학교에서 일어일문학을 전공하고, 일본 센슈대학 대학원에서 일본현대문학을 공부했다. 옮긴 책으로는《유럽 낭만 탐닉》,《작업실 탐닉》,《오트쿠튀르를 입은 미술사》,《그래 문제는 바로 소통이야》등이 있다.

알고 먹으면 더 맛있는

요리 생물학

지은이 오구라 아키히코
옮긴이 송수진

1판 1쇄 인쇄 | 2017년 11월 16일
1판 1쇄 발행 | 2017년 12월 1일

펴낸곳 계단 **펴낸이** 서영준 **등록번호** 제 25100−2011−283호
주소 (02833) 서울시 성북구 동소문로3−1 3층
전화 02−712−7373 **팩스** 02−6280−7342
이메일 paper.stairs1@gmail.com

값은 뒤표지에 있습니다.
ISBN 978−89−98243−07−4 03470

이 도서의 국립중앙도서관 출판시도서목록(CIP)은 e−CIP홈페이지(http://www.nl.go.kr/ecip)와
국가 자료공동목록시스템(http://www.nl.go.kr/kolisnet)에서 이용하실 수 있습니다.
(CIP제어번호:CIP2017027602)